KB173015

리히터가 들려주는 지진 이야기

리히터가 들려주는 지진 이야기

ⓒ 좌용주, 2010

초 판 1쇄 발행일 | 2006년 6월 29일
개정판 1쇄 발행일 | 2010년 9월 1일
개정판 11쇄 발행일 | 2021년 5월 28일

지은이 | 좌용주
펴낸이 | 정은영
펴낸곳 | (주)자음과모음

출판등록 | 2001년 11월 28일 제2001-000259호
주   소 | 04047 서울시 마포구 양화로6길 49
전   화 | 편집부 (02)324-2347, 경영지원부 (02)325-6047
팩   스 | 편집부 (02)324-2348, 경영지원부 (02)2648-1311
e-mail | jamoteen@jamobook.com

ISBN 978-89-544-2092-1 (44400)

리히터가 들려주는

지진 이야기

| 좌용주 지음 |

|주|자음과모음

지구촌을 떨게 만드는 '지진' 이야기

지진이라는 땅의 흔들림은 오래전부터 인류에게 공포의 대상이었습니다. 지진이 왜 일어나는지 그 이유조차 몰랐을 때는 두려움이 더욱 컸을 것으로 짐작됩니다.

지진에 대한 과학적 연구가 시작된 것은 그리 오래되지 않았습니다. 18세기 중반 이후에야 과학자들이 지진의 모습을 하나둘씩 밝혀내기 시작했으니까요. 하지만 지진이 발생하는 근본적인 이유를 밝힌 것은 20세기 후반에 지구 표층의 운동을 설명하는 판 구조론이 나오고부터입니다.

판 구조론은 판의 움직임에 따라 지각에 미치는 힘을 밝히고, 그 힘으로 말미암아 땅이 쪼개지거나 부딪칠 때 생기는 엄청난 충격이 지진으로 나타남을 설명합니다. 판의 움직임이 지진을 일으키는 근본 이유인 셈이죠.

이 책은 리히터 지진계를 개발한 미국의 지진학자 리히터가 한국의 학생들에게 수업을 하는 형식으로 쓰였습니다. 리히터는 지진이 무엇인지, 그리고 지진이 왜 일어나는지를 알기 쉽게 설명하고 있습니다.

지진이 끼치는 피해는 어쩌면 피할 수 없는 것인지도 모릅니다. 하지만 우리가 지진에 대한 대비를 충실히 한다면 소중한 우리의 목숨과 재산을 보호할 수 있습니다. 그러기 위해서는 지진의 모든 것에 대해 잘 알아야겠지요.

이 책을 읽는 청소년들이 지진의 모습을 제대로 이해하고, 지진을 만들어 내는 지구의 몸부림에 대해 느끼기를 원합니다. 이러한 것들을 바탕으로 인류의 미래에 대비하는 뛰어난 과학자로 성장하기를 진심으로 바랍니다.

끝으로 이 책을 출간할 수 있도록 배려해 준 (주)자음과모음의 강병철 사장님과 여러 가지 수고를 아끼지 않은 편집부 여러분께도 감사드립니다.

좌용주

차례

1

지진이 뭐예요?

땅이 흔들리는 현상은 무엇 때문일까요?
옛날 사람들은 지진에 대해 어떻게 생각했을까요?
지진이 무엇인지 자세히 살펴봅시다.

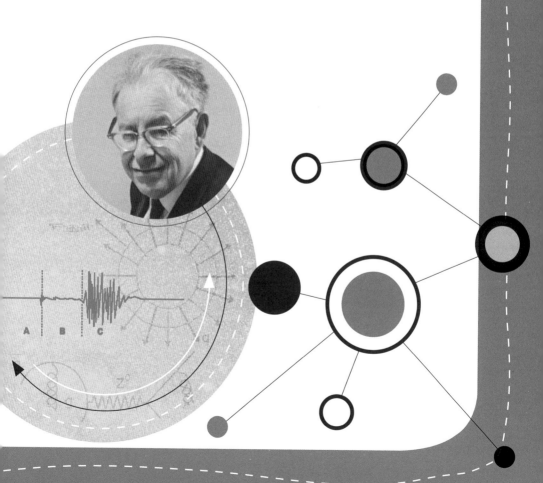

1

첫 번째 수업
지진이 뭐예요?

리히터가 자신을 소개하며
첫 번째 수업을 시작했다.

안녕하세요, 여러분. 나는 미국의 지진학자 리히터입니다.

지금부터 우리를 두렵게 하는 지진에 대해서 알아볼까 해요.

여러분은 지진 얘기를 들어본 적이 있죠?

　__ 예.

그럼, 지진이 무엇인지 누가 얘기해 볼까요?

학생들은 모두 합창이나 하듯 커다란 목소리로 대답한다.

　__ 지진은 땅이 흔들리는 것을 말합니다.

맞아요. 지진은 땅을 나타내는 지(地), 흔들림을 가리키는 진(震)의 한자어에서 알 수 있듯이 땅이 흔들리는 현상입니다. 지진을 뜻하는 영어의 어스퀘이크(earthquake) 역시 지구나 땅을 의미하는 어스(earth)와 흔들림의 퀘이크(quake)로 되어 있어요.

그러면 여러분들은 지진을 느껴 본 적이 있나요?

리히터의 질문에 학생들은 선뜻 대답하지 못하는 모습이지만, 간혹 "예."라고 답하는 작은 목소리도 들린다.

여러분 중에는 지진을 경험해 본 사람이 적은 것 같네요. 한국에는 큰 지진이 드물기 때문에 쉽게 경험하지 못했을 겁니다. 그렇다고 지진이 일어나지 않는다는 것은 아니에요. 예전에는 모두가 느낄 만큼 큰 지진이 여러 차례 있었답니다. 그리고 지금도 작은 지진이 많이 발생하고 있지만 크기가 작아 쉽게 느끼지 못할 뿐이지요.

지진에 대한 옛날 사람들의 생각

한 학생이 손을 들고 벌떡 일어나 질문을 던졌다.

__ 선생님, 지진은 왜 일어나나요?

좋은 질문입니다. 거대한 지구의 땅덩어리를 흔드는 지진은 무엇 때문에 일어날까요? 지금부터 우리는 지진이 왜 일어나는지를 자세히 알아볼 것입니다.

현재 우리가 알고 있는 과학 지식으로 지진을 설명하기 전에, 옛날 사람들이 지진을 어떻게 생각했는지에 관한 재미있는 예를 들어 볼게요. 지진이라는 자연 현상은 과거에도 아주 많이 일어났습니다. 그러니까 옛날 사람들도 지진을 많이 경험했겠죠. 그런데 당시에는 지진이 일어나는 이유를 엉뚱하게 생각했답니다.

먼저 인도에서는 땅을 받치고 있는 코끼리가 움직이면서 땅을 흔들어 버린 결과가 지진이라고 생각했어요. 몽골 사람들은 코끼리가 아니라 커다란 개구리가 땅을 짊어지고 움직이기 때문에 지진이 일어난다고 생각했답니다. 또 일본 사람들은 메기가 땅 밑의 진흙 속에서 파닥거리며 움직이니까 땅이 흔들린다고 생각했어요. 굉장히 엉뚱하죠?

__네!

__정말 재밌는 생각이네요.

학생들은 옛날 사람들의 엉뚱한 생각이 신기하다는 듯한 표정을 지었다.

지구의 운동(판 구조론)

현재 우리가 과학적으로 이해하고 있는 지진은 옛날 사람들의 생각과는 전혀 다릅니다.

땅이 흔들리는 것은 지진이 일어난 결과이지만, 그 과정에는 여러 가지 과학적인 비밀이 숨어 있습니다. 지진이 일어나 피해를 입는 지역은 지구 전체로 보면 면적이 그다지 넓지 않습니다. 하지만 지진은 지구 전체의 움직임이 원인으로 작용하며 발생합니다. 그러니까 지구의 운동을 이해하지 못하면 지진을 잘 알 수 없지요.

내가 수업에 들어오기 전에 들은 얘기인데 여러분은 베게너 선생님과 '대륙 이동'을, 윌슨 선생님과 '판 구조론'을 공부했다고 하는데 맞나요?

"예!"라고 대답하는 학생들의 목소리가 다시 커졌다.

그렇다면 여러분은 지구 내부의 운동에 대해서 잘 알고 있겠네요. 지진은 바로 지구 내부 운동의 결과로 나타납니다. 그러면 그 운동이 무엇인지를 복습해 보기로 합시다.

리히터는 칠판에 커다란 원을 그리고 내부를 몇 개의 층으로 나누었다.

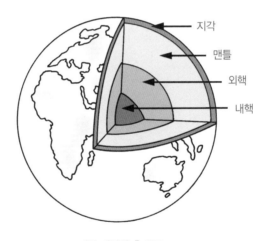

지구 내부의 층 구조

그림에서 보듯이 지구는 표면에서 중심을 향해 지각, 맨틀, 핵으로 나뉘죠. 핵은 다시 바깥쪽의 외핵과 안쪽의 내핵으로 나뉩니다. 그런데 판 구조론에서는 지각과 맨틀을 조금 다르게 나누기도 했어요. 기억하고 있죠?

＿네. 암석권, 연약권, 중간권 등으로 나눈다고 배웠어요.

정말 여러분은 똑똑한 학생들이네요. 맞아요. 지구의 내부 구조를 물리적인 성질로 나누면 표면의 지각과 그 바로 아래의 맨틀까지 좀 더 딱딱한 층이 암석권이에요. 그 밑에 약간 무른 층을 연약권이라고 하죠. 그리고 다시 그 밑의 맨틀을 중간권이라 부릅니다.

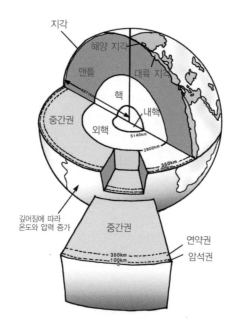

지구 내부의 층상 구조

여기서 암석권을 다른 말로 부르기도 합니다. 판 구조론에서 말하는 판이 바로 암석권에 해당하기 때문이죠. 이 판은 주로 대륙의 지각으로 되어 있으면 대륙판, 해양의 지각으로 되어 있으면 해양판이라고 부르고 있어요.

예를 들면, 한국을 포함하는 아시아의 커다란 대륙 지역에는 유라시아 대륙판이 있고, 태평양을 이루는 해양 지역에는 태평양 해양판이 위치하는 것이죠. 이렇게 지구의 표면이 여러 개의 판들로 이루어지고, 이 판들의 상대 운동으로 말미암아 지구의 모습이 바뀌어 가는 현상을 설명한 것이 판 구조론입니다.

그러면 판이 어떻게 움직이는지 누가 설명해 볼까요?

한 학생이 일어나 또박또박 대답했다.

__이웃하는 2개의 판은 서로 가까워지기도 하고, 멀어지기도 하고, 또 서로 스쳐 지나가기도 해요.

맞아요. 지구 표면의 판은 서로 상대적인 운동을 합니다. 두 판이 가까워지는 운동을 할 때 두 판의 경계를 수렴 경계라고 하고, 두 판이 멀어지는 운동을 할 때 두 판의 경계를 발산 경계라고 합니다. 서로 비스듬히 스쳐 지나갈 경우에는

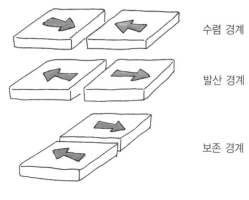

수렴 경계

발산 경계

보존 경계

판 경계의 3가지 모습

보존 경계라고 불러요. 그런데 서로 가까워지는 수렴 경계는 다시 둘로 나뉘죠. 두 대륙판이 충돌하여 지형이 높게 솟구 치는 경우에 충돌 경계라 하고, 해양판이 다른 해양판이나 대륙판 아래로 들어가면 침강(섭입) 경계라고 해요.

여기서 우리가 반드시 알아야 할 사항은 판들이 서로 상대 적으로 운동할 때 그 경계 지역들에서 지진이 일어난다는 것 이에요. 지진이 발생하는 수와 크기는 각각의 경계에서 다르 게 나타나지만, 분명한 것은 판들의 운동이 지진을 일으키는 원인이 된다는 것이죠. 다음 그림을 보세요.

리히터는 세계 지도를 그리고 그곳에 작은 점을 무수히 그려 넣 었다.

 지진 발생 지점

세계의 지진 분포

과학자의 비밀노트

판의 경계 유형

경계 유형	예	지각 변동
수렴 경계	알프스, 히말라야	심발 지진
발산 경계	대서양 중앙 해령	화산, 천발 지진
보존 경계	산안드레아스	천발 지진

이 그림은 최근까지 여러 해 동안 지구에서 발생했던 지진의 위치를 점으로 나타낸 것입니다. 그리고 이 점들이 찍힌 장소는 거의 대부분 판들의 경계가 됩니다. 그러니까 이 점들을 선으로 연결하면 바로 판의 경계선이 된다는 것이죠. 이렇게 해서 지구 표면에 분포하는 하나하나의 판을 그려 낼 수 있게 되는 것이고요.

리히터는 지구 표면을 이루고 있는 여러 판들의 경계를 그리고 그 안에 판의 이름을 적어 넣었다.

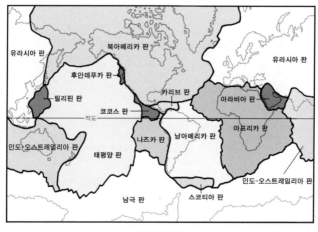

판의 분포

지구의 표면은 여러 판들로 덮여 있고, 이 판들은 서로 움직이면서 여러 가지 현상을 일으킵니다. 그중 하나가 지진이에요. 지진이 일어나는 가장 기본적인 이유는 바로 지구 표면에서 움직이는 판들의 상대적인 운동 때문입니다.

　　판들이 움직이면 지진이 발생합니다. 우리가 직접적으로 또는 간접적으로 경험하는 지진은 판의 운동으로 나타나는 지구의 몸부림과도 같은 것이에요.

　　다음 시간에는 지진이 발생하는 모습을 좀 더 자세히 살펴보기로 하죠.

선생님, 지진이 무엇인가요?

지진은 땅을 나타내는 지(地), 흔들림을 나타내는 진(震)의 글자에서 알 수 있듯이 땅이 흔들리는 현상입니다.

그뿐 아니라 지진을 뜻하는 영어의 어스퀘이크(earthquake) 역시 지구나 땅을 의미하는 어스(earth)와 흔들림의 퀘이크(quake)로 이루어져 있어요.

그런 의미이군요.

혹시 옛날 사람들은 지진을 어떻게 생각했는지 알고 있나요?

글쎄요.

옛날 인도 사람들은 땅을 받치고 있는 코끼리가, 몽골 사람들은 땅을 짊어지고 있는 개구리가 움직이기 때문에 지진이 일어난다고 생각했답니다. 또 일본 사람들은 메기가 땅 밑 진흙 속에서 파닥거리며 움직여 지진이 일어난다고 생각했죠.

그럼 지금은 어떻게 생각하나요?

지구의 표면은 여러 판들로 덮여 있습니다. 그리고 이 판들은 서로 움직이면서 여러 가지 현상을 일으키는데, 그중 하나가 지진이에요.

우리가 직·간접적으로 경험하는 지진은 판의 운동으로 나타나는 지구의 몸부림과도 같은 것이죠.

그렇군요.

2

지진은
어떻게 발생하나요?

지진이 일어나면 우리 주변에는 어떤 현상들이 발생할까요?
지각 운동과 단층 형성의 모습을 통해 지진에 대해서 자세히 알아봅시다.

2

두 번째 수업

지진은 어떻게 발생하나요?

교. 과. 연. 계.

초등 과학 4-2	4. 화산과 지진
초등 과학 6-1	2. 지진
중등 과학 1	8. 지각 변동과 판 구조론
중등 과학 2	6. 지구의 역사와 지각 변동
고등 과학 1	5. 지구
고등 지학 I	2. 살아 있는 지구
고등 지학 II	1. 지구의 물질과 지각 변동

리히터가 점토를 가져와서
두 번째 수업을 시작했다.

지난 시간에 지진이 발생하는 곳은 지구 표면의 판들이 서로 경계를 이루는 지역이라고 했어요. 그러면 판들이 서로 마주하면서 가까워지고, 멀어지고, 또 서로 스쳐 지나갈 때 어떤 일들이 벌어질까요?

지진의 발생 원인

먼저 판들의 상대적인 운동에 따라 영향을 받는 땅의 움직임에 주목해 봅시다.

리히터는 준비해 온 점토를 꺼내 학생들에게 나누어 주었다. 그런데 이 점토는 보통의 점토와 다르게 조금 굳어 있어 딱딱했다.

여러분이 들고 있는 약간 딱딱한 점토를 지표에서 지하로 연결된 땅덩이라고 생각해 보죠. 여러분도 알고 있듯이 판을 이루는 상부의 지각은 딱딱합니다. 그러면 점토를 지각의 땅덩어리라고 생각하고 서로 다른 방향에서 힘을 주기로 하죠.

리히터는 학생들에게 따라 해 보라며 점토를 든 한 손은 위로, 다른 한 손은 아래로 힘을 주며 서로 다른 방향으로 비틀었다. 처음에 점토 덩어리는 조금씩 늘어나는 것 같더니 어느 순간 '탁' 하고 2조각이 나 버렸다.

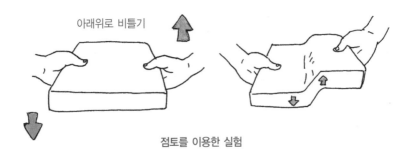

점토를 이용한 실험

어때요, 한 덩어리의 점토가 2조각이 났죠? 아주 짧은 순간이지만 딱딱한 점토가 조각나기까지 어떤 변화가 있었을 겁니다. 누가 말해 볼까요?

한 학생이 일어나 대답했다.

　__처음 힘을 줄 때는 점토가 늘어나는 것 같았는데, 힘을 많이 주니까 끊어져 버렸어요.

　맞아요. 서로 반대 방향에서 힘을 주었을 때 점토는 원래의 성질 때문에 조금 늘어났죠. 하지만 계속 힘을 주니까 2조각으로 끊어졌어요. 바로 이겁니다. 판들의 상대 운동으로 말미암아 지각에 반대 방향의 큰 힘이 작용합니다. 이 반대 방향의 힘은 서서히 지각을 비틀게 되는 것이에요.

　처음에는 지각이 그대로 있습니다. 그러다가 점점 딱딱한 점토 덩어리가 늘어나는 것처럼 지각도 약간 늘어나는 듯합니다. 그러다 한순간 '탁' 하고 점토가 끊어지듯 지각 역시 끊어지게 됩니다. 그러면 한 덩어리의 지각이 반대 방향으로 움직여 버리죠.

　반대 방향의 힘으로 지각이 끊어질 때 엄청난 에너지가 주변으로 퍼져 간답니다. 이 에너지가 지진을 일으키는 힘이

되는 거예요. 지각이 쪼개지면서 그 충격이 주변으로 전달
되고, 결국에는 땅을 흔들게 되는 것입니다. 이것이 바로 지
진입니다.

　지각이 쪼개져서 지진이 발생한다는 리히터의 설명에 학생들은 조
금 무서운 표정을 지었다. 지각이 쪼개질 정도라면 건물이 무너지
고 건물 안의 사람들은 어떻게 될까? 생각만 해도 아찔하다는 듯한
표정이었다.

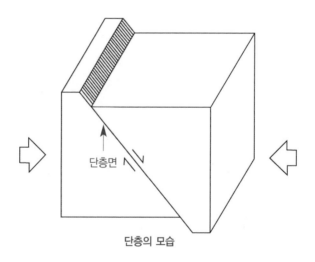

단층의 모습

　지각이 쪼개진 모습을 우리 주변에서도 얼마든지 찾아볼
수 있어요. 이렇게 지각이 쪼개져 끊어진 모양을 단층이라고

합니다. 단층이란 지층이 끊어졌다는 뜻이에요. 즉, 원래 연속적으로 이어져 있어야 하는 층이 중간마다 끊어졌다는 말이지요.

지각의 3가지 운동

단층의 모습에는 여러 가지가 있어요. 앞에서 설명한 것을 다시 한 번 기억해 보기로 합시다. 지각이 힘을 받는 것은 바로 지각을 포함하는 판들의 운동 때문이지요. 그리고 이 판들의 운동에는 가까워지는 것, 멀어지는 것, 서로 비스듬히 어긋나는 것 3가지가 있다고 배웠습니다. 그렇죠?

— 네!

밝게 대답하는 학생들의 얼굴은 조금 전 지진에 대한 무서움은 사라진 듯했다.

그래요. 판을 이루는 지각의 3가지 운동은 서로 상대적이고, 방향이 서로 반대입니다. 또한 모습도 서로 다르죠. 그림으로 나타내 볼까요?

다음 그림에서와 같이 지각의 운동 방향이 다르듯, 각각의 지각에 영향을 주는 힘의 방향도 화살표처럼 다릅니다. 그리고 이렇게 힘의 방향이 다르기 때문에 만들어지는 단층의 모양도 달라지는 것이에요.

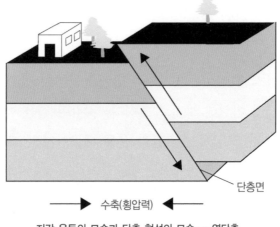

지각 운동의 모습과 단층 형성의 모습 — 역단층

먼저 서로 마주 보는 화살표의 경우를 생각해 봅시다. 가운데 경계를 향해 두 힘이 모여듭니다. 이런 힘을 횡압력이라고 불러요. 땅을 쥐어짜듯 압축력이 강하게 작용하면 어느 순간 땅은 끊어집니다. 그리고 끊어진 경계에서 땅은 두 조각이 나서 서로 다른 방향으로 움직여 버립니다. 한쪽은 아래로, 다른 한쪽은 위로 움직이지요. 마치 한쪽의 땅이 다른 쪽을 올라타듯 이동하는데, 이런 단층을 역단층이라고 합니다. 한쪽의 땅이 거꾸로 올라탄 단층이란 뜻입니다.

땅이 2조각으로 깨진 경계가 그림에서는 선으로 보이지만, 실제로는 면이에요. 따라서 조각난 두 땅 사이에는 경계면이 생기는데, 그 면을 단층면이라고 부른답니다.

이번에는 화살표가 서로 멀어지는 경우입니다. 땅의 가운데 경계를 양쪽의 힘이 서로 떼어 내려는 것이지요. 마치 줄다리기를 할 때 줄의 가운데를 양쪽에서 서로 가져가려는 것처럼 말이죠. 이런 힘을 장력이라고 합니다. 서로 떼어 내려는 힘이라는 뜻이에요.

그런데 앞에서 본 횡압력의 역단층과 단층의 모양이 조금

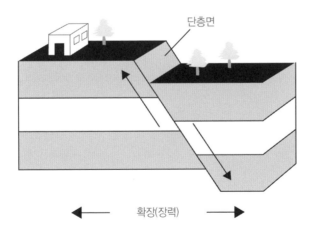

단층면

확장(장력)

지각 운동의 모습과 단층 형성의 모습 — 정단층

다릅니다. 끊어진 땅의 경계, 즉 단층면을 중심으로 한쪽은 위로, 다른 한쪽은 아래로 움직이는 모양이 역단층과 비슷하지만 자세히 보면 다릅니다. 한쪽이 아래로 멀리 떨어져 나간 모습이에요. 이런 모양을 정단층이라고 부릅니다.

그러니까 횡압력—역단층, 장력—정단층이라고 알아 두면 땅에 영향을 주는 힘과 만들어지는 단층의 모양을 쉽게 구별할 수 있습니다.

역단층이나 정단층은 둘 다 단층면을 경계로 땅이 아래위로 움직이는 모양이죠. 그런데 땅이 좌우로 움직여 만들어지는 단층도 있습니다. 좌우로만 움직이고 아래위의 움직임이 없기 때문에 이런 단층을 수평 이동 단층 또는 주향 이동 단층이라고 불러요. 여기서 '주향'이란 두 땅 사이의 단층면이 수평으로 뻗어 가는 방향을 뜻합니다.

수평 이동 단층을 만드는 힘은 횡압력입니다. 역단층의 횡압력과 다른 점은 역단층의 경우 땅을 미는 힘이 단층면에 거의 직각이지만, 수평 이동 단층은 단층면에 비스듬히 힘이 작용할 때 만들어진다는 점이지요. 이 비스듬한 힘은 때로 끊어진 두 땅을 시계 방향으로 움직이게도 하고, 시계 반대 방향으로 움직이게도 하죠.

지금까지 지각에 반대 방향의 힘이 미쳐 땅이 끊어지고 이

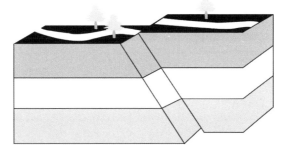

지각 운동의 모습과 단층 형성의 모습 — 수평 이동 단층

동하는 모양을 살펴보았습니다. 조각난 두 땅이 아래위로 움직일 때 역단층과 정단층이 생기고, 수평으로 움직일 때 수평 이동 단층이 만들어집니다.

여기서 여러분이 분명하게 이해해야 할 점은 땅이 조각조각 끊어져 단층이 만들어지는 현상에는 엄청난 힘이 작용했다는 것이지요. 지구의 표면을 덮고 있는 판들이 서로 반대 방향으로 움직일 때 거대한 힘이 판의 경계에 미치면서 결국 땅을 조각내고, 엄청난 에너지를 주변에 전달합니다. 그 충격으로 지진이 발생하여 땅을 흔들게 되는 것이죠.

이렇게 지진과 단층은 아주 관계가 깊습니다. 우리는 주변에서 오랜 옛날 만들어진 단층들을 볼 수 있죠. 그것들이 만들어졌을 때 크건 작건 땅을 흔드는 지진이 있었을 겁니다. 지진을 일으킨 에너지는 사라졌지만, 그 상처는 땅에 고스란히 남아 있는 셈이지요.

자, 점토로 지진에 관해 알아볼까요?

제가 해 볼게요.

아냐, 내가 할 거야.

이런 너 때문에 점토가 끊어졌잖아.

네가 반대로 잡아 당겨서 그렇지.

툭

자자, 괜찮아요. 그런데 방금 점토가 끊어질 때 어떤 느낌이었나요?

맞아요.

처음 힘을 줄 때 점토는 조금 늘어나는 것 같았는데, 힘을 많이 주니까 끊어져 버렸어요.

지각도 이와 마찬가지로 판들의 상대 운동으로 반대 방향의 큰 힘이 작용하고, 이 반대 방향의 힘은 서서히 지각을 비틀게 됩니다.

힘이 작용하는 초기에는 점토 덩어리가 약간 늘어나는 것처럼 지각도 약간 늘어날 뿐입니다. 그러나 어느 순간 점토가 끊어지듯 땅 역시 '툭' 하고 끊어지게 됩니다.

툭

그리고 이때 엄청난 에너지가 주변으로 퍼져 가는데, 이 에너지가 지진을 일으키는 힘이 된답니다. 즉, 땅이 깨지면서 발생한 에너지는 주변으로 전달되어 땅을 흔드는데, 이것이 바로 지진이랍니다.

아~

지진에는
여러 종류가 있어요

지진의 종류에는 어떤 것들이 있을까요?
천발 지진과 심발 지진, 화산성 지진 등 여러 종류의 지진에 대해서 알아봅시다.

3

지진에는
여러 종류가 있어요

리히터는
지진에도 여러 종류가 있다며
세 번째 수업을 시작했다.

오늘은 지진의 여러 가지 모습에 대해 공부하기로 합시다.

지진이라는 땅의 흔들림이 모두 같은 것은 아닙니다. 아주 다양한 모습이 있는데, 그 하나하나를 살펴보는 시간을 갖도록 하겠습니다.

지진이 왜, 그리고 어떻게 일어나는지에 대해 지난 두 시간 동안 공부했는데, 배운 내용들을 잘 기억하기 바랍니다.

우선 지진의 발생이 판의 운동과 관계 깊다는 내용을 배웠는데, 그 부분부터 시작해 봅시다.

판의 운동과 관계된 지진

리히터는 칠판에 판 운동의 모습을 담은 그림을 그렸다.

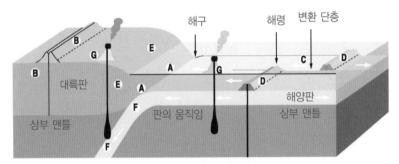

침강 경계에서의 판 운동

위의 그림에는 대륙판 아래로 해양판이 침강하는 과정이 그려져 있습니다. 그리고 지진이 발생할 수 있는 여러 곳을 알파벳 대문자로 표시했습니다. 하나하나 살펴봅시다.

먼저 A라고 표시된 장소는 대륙판과 해양판이 직접 부딪치는 장소이며, 이곳에서 지진이 발생합니다. 이 장소의 지형은 바닷속 아주 깊은 곳을 나타내며, 해구라고 부르는 곳입니다. 여기서 발생하는 지진을 해구형 지진이라고 합니다.

다음으로 B의 장소를 봅시다. 이곳은 대륙판 내부에서 압축되어 솟아오르는 장소로 지진이 발생할 수도 있습니다. 즉, 해양판이 대륙판을 밀어붙일 때 대륙판 내부의 어떤 곳은 굉장한 압축을 받게 되고, 그곳에서 지진이 발생한다는 것입니다.

이번에는 눈을 돌려 해양판을 보세요. 해양판에는 해령이 있고, 해령을 자르는 변환 단층이 있습니다. C의 장소는 변환 단층으로 해령이 잘려 나가면서 생긴 특이한 단층입니다. 이 단층은 우리가 앞서 배운 단층 중에서 수평 이동 단층에 속하며, 단층이 서로 미끄러질 때 지진이 발생하는 것이에요.

그리고 해령에 D라는 표시가 있죠? 해령은 맨틀의 뜨거운 물질이 솟아오르는 장소이며, 해양 지각이 만들어지는 곳이죠. 뜨거운 맨틀 물질이 솟구쳐 오를 때 이 장소에서 지진이 발생합니다.

다음에는 E를 보세요. 이 지역은 해구에서 약간 대륙의 내부로 들어온 장소입니다. 흔히 바다에서 멀지 않은 '내륙'이라 불리는 지역에 해당합니다. 이곳에서 발생하는 지진을 내륙형 지진이라고 합니다. 여기서 발생하는 지진은 매우 위험합니다. 그 이유는 바다에서 가까운 내륙 지역에 많은 도시가 있어서 사람들이 밀집해 있기 때문이에요.

지금 우리는 판의 운동과 관계된 지진에 대해 살펴보고 있습니다. 이번에는 F로 표시된 장소를 봅시다. 이 지역에서는 해양판이 대륙판 아래로 침강하고 있습니다. 해양판이 대륙판 아래로 끌려들어 가면서 두 판 사이에는 마찰이 생기는데, 이때 지진이 많이 발생합니다. 이 장소에서의 지진은 깊이에 따라 여러 가지 모습을 나타내는데, 이것에 대해서는 나중에 자세히 알아보기로 합시다.

마지막으로 G 지역에서 발생하는 지진입니다. G는 해양판 위에도, 대륙판 위에도 있습니다. 이 지역의 지진은 주로 판 운동과 관계하여 만들어진 화산 활동에 의한 것이에요.

과학자의 비밀노트

일본에서 발생한 내륙형 지진

2008년 8월 일본을 강타한 규모 7.2의 강진은 일본 정부 지진조사위원회와 기상청이 존재조차 모르던 지하 활단층(活斷層)이 움직여 발생한 것으로 밝혀졌다. 피해는 적었지만 '지진 대국' 일본조차 지진 예보에 한계가 있다는 것을 실감케 했던 지진이었다.

지진을 일으킨 단층 북쪽에는 지진조사위원회가 조사 대상으로 삼는 일본의 약 100개 활단층 중 1개가 있다. 하지만 정부는 이 활단층이 향후 300년 내 지진을 일으킬 확률을 '거의 0%'로 보았다. 따라서 십수 년 주기로 반복되는 '해구형 지진'만 경계해 온 주민들은 아닌 밤중에 홍두깨를 맞는 격이 돼 버렸다.

2007년 시작된 긴급 속보 체제는 해저에서 발생해 내륙으로 지진의 여파가 전달되는 데 다소 시간이 걸리는 경우에는 효과가 있지만, 내륙형 지진의 진앙 부근에서는 제 구실을 하지 못한 것으로 드러나 이에 대한 대비가 절실한 실정이다.

화산이 폭발한다는 것은 지하에서 만들어진 마그마가 지표까지 올라와 터지면서 용암이 뿜어져 나오고, 먼지와 돌이 공중으로 솟구치는 현상을 말합니다. 이런 화산 폭발 과정에서 지진이 발생합니다. 이런 지진을 화산성 지진이라고 하는데, 이것 또한 나중에 좀 더 자세하게 공부하기로 해요.

지금까지 판의 운동과 관계한 7가지 종류의 지진을 살펴보았습니다. 그중에서 대륙판과 해양판이 직접 부딪쳐 마찰을 일으키는 장소 F에서의 지진을 다시금 생각해 봅시다.

발생 깊이에 따른 지진

대륙판 아래로 끌려들어 가는 해양판은 어느 정도의 깊이까지 내려갈 수 있을까요?

현재까지 알려진 바로는 약 670km의 깊이까지 해양판이 내려간다고 합니다. 아주 깊은 장소이지요. 그런데 이 깊이까지 지진이 발생합니다. 과학자들은 이런 지진을 발생하는 깊이에 따라 3종류로 나누었어요. 발생의 깊이가 얕은 지진, 중간 정도 깊이의 지진, 그리고 아주 깊은 곳에서 발생하는 지진으로 나눈 것입니다. 따라서 얕은 곳에서 발생하는 지진을 천발 지진, 중간 깊이에서 발생하는 지진을 중발 지진, 아주 깊은 곳에서 발생하는 지진을 심발 지진으로 부르고 있답니다.

이 3종류의 지진은 지진 발생의 깊이에 차이가 있는 것인데, 천발 지진은 지표에서 약 70km 깊이까지의 지하에서 발생한 지진을 말합니다. 중발 지진은 지하 약 70km에서 약 300km까지, 심발 지진은 그보다 더 깊은 장소에서 발생한 지진을 가리키는 것이랍니다.

그런데 지진이 발생한 깊이가 달라지면 땅의 흔들림의 정도도 달라집니다. 지금부터는 지진 발생 깊이와 땅의 흔들림 정도의 차이에 대해 설명해 보겠습니다.

리히터는 칠판에 지진으로 땅이 흔들리는 모습을 2가지로 나누어 그렸다.

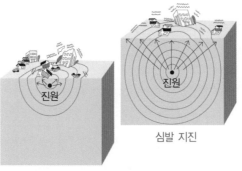

천발 지진과 심발 지진으로 발생한 지표의 진동 모습

지진으로 땅이 흔들리는 모습을 2가지로 나누어 그렸습니다. 물론 지진 발생 깊이를 3가지로 나누었지만, 좀 더 쉽게 이해하기 위해 아주 얕은 곳에서 발생하는 천발 지진과 아주 깊은 곳에서 발생하는 심발 지진만을 비교하기로 합시다.

　왼쪽 그림은 천발 지진이 일어났을 때를 그려 놓은 것인데, 지진이 발생한 장소의 깊이가 얕습니다. 지하에 있는 지진 발생 장소를 우리는 진원이라고 부릅니다. 그러니까 천발 지진은 진원이 얕은 것이죠.

　천발 지진의 경우 지진파가 주변 지역으로 전파되면서 상승하지만, 지표까지의 거리가 짧기 때문에 진원에서 멀리 떨어진 지역은 늦게야 흔들림을 느끼게 됩니다. 진원에서 아주 먼 거리에 있는 지역은 흔들림을 아예 느끼지 못하기도 하고요.

　따라서 천발 지진의 진원과 아주 가까운 지역은 커다란 지진 에너지가 전달되기 때문에 큰 피해를 입게 됩니다. 건물이 파괴되고, 땅이 갈라지고, 산사태가 일어나는 등의 피해는 아주 흔합니다.

　그런데 오른쪽 그림처럼 약한 흔들림이 매우 넓은 지역으로 퍼져 가는 경우도 드물게 발생한답니다. 이렇게 지진파가 넓은 지역으로 퍼져 나가는 이유는 지진이 아주 깊은 곳에서 발생하기 때문이고, 이 경우는 심발 지진에 해당합니다.

심발 지진은 천발 지진보다 넓은 지역에 걸쳐 순식간에 흔들림을 느끼게 되지만 지진파가 전파되어 오는 동안 에너지가 감소하여 파괴력이 약해집니다. 따라서 건물 파괴 등의 피해는 적지요.

천발 지진과 심발 지진의 차이는 지진이 땅속 어느 깊이에서 발생하느냐에 따라 흔들림의 정도와 퍼짐의 정도가 다르다는 것입니다. 지진은 보통 지하 수십 km의 깊이에 진원이 있지만, 심발 지진처럼 지하 수백 km에서 전파되는 경우도 있지요.

여기서 한 가지 더 얘기해 둘 것이 있어요. 지하의 아주 깊은 곳에서 발생하는 심발 지진은 분명히 존재하지만, 천발 지진에 비해서는 많이 발생하지는 않습니다. 즉, 심발 지진 역시 지하 깊은 곳에서 만들어지는 단층 때문에 일어나는 것이지만, 얕은 곳에서보다는 발생 수가 적다는 것이에요.

지진을 일으키는 화산

지구의 표면을 덮고 있는 판들이 움직이면서 서로 밀고 당기는 과정이 지각에 단층을 만들고, 이것이 지진을 발생시키는 가장 큰 원인이라는 것을 이미 배웠지요. 하지만 지진이 단층 때문에만 일어나는 것은 아닙니다.

앞에서도 살펴보았지만, 단층 이외에도 지진을 일으키는 중요한 원인이 있습니다. 바로 화산입니다. 화산이 폭발하기 직전이나 폭발할 때에도 지진이 일어납니다. 이런 지진을 화산성 지진이라고 부른다고 했습니다. 그러면 화산 폭발과 관련하여 어떻게 지진이 일어나는지 알아봅시다.

화산의 지하에는 아주 뜨거운 마그마가 자리 잡고 있습니다. 마그마는 아주 뜨거우면서 대부분이 액체이지만, 일부 기체와 고체도 포함됩니다. 그리고 성분은 주로 규산염이라 불리는 규소(Si)와 산소(O)의 화합물로 되어 있지요. 화산 아래 마그마가 많이 모여 있는 장소를 마그마의 방이라 부른답니다. 즉, 마그마의 방에 모여 있던 마그마가 지표를 뚫고 올라와 분출하면 용암이 되어 흘러내리게 되는 것이죠. 그런데 이 마그마의 움직임이 지진을 일으키는 거예요. 이것이 화산성 지진의 정체입니다.

화산성 지진도 자세히 들여다보면 조금씩 차이가 있어요. 우선 마그마의 방 주변에서 일어나는 지진은 단층으로 생기는 지진처럼 수초 정도 땅이 심하게 흔들리다가 곧 멈춥니다. 그런데 처음에는 땅이 조금 흔들리다가 점점 심해져 아주 강한 지진이 발생하고 점차 잦아들면서 10초 이상 계속되는 경우도 있습니다. 이 경우는 화산의 지하 얕은 곳에서 일어나는 것으로 화산이 폭발하기 직전에 여러 차례 발생합니다.

또 다른 화산성 지진은 화산이 폭발할 때 동시에 발생합니다. 이런 지진은 마그마 속에 기체가 많이 포함된 경우에 종종 일어나는 것입니다. 앞에서 마그마 속에는 기체도 약간 포함되어 있다고 했죠? 이런 기체가 지표로 올라와 갑자기 터지면 화산 폭발도 커지고, 지진도 일어나는 거예요.

콜라나 사이다 병을 흔든 다음 뚜껑을 곧바로 열면 병 속에 녹아 있던 이산화탄소가 갑자기 터져 나오는 것과 비슷하다고 할 수 있어요. 이때의 충격으로 병이 흔들리는 것처럼 화

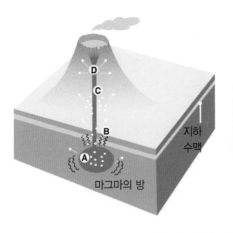

A 마그마에서 기체 방출
B 지하 수맥에서 수증기 발생
C 기체 흐름으로 진동
D 마그마의 흐름으로 진동

화산성 지진의 모습

산이 폭발할 때 지진이 발생하는 것이죠.

화산성 지진은 우리에게 아주 중요한 정보를 전해 줍니다. 이것은 화산이 언제 폭발할지를 알 수 있는 방법이기 때문이에요. 물론 모든 화산이 폭발하기 전에 큰 지진을 일으키는 것은 아니지만, 화산 가까운 곳에서 지진을 관측하면 땅의 흔들림 변화로부터 화산 폭발이 가까운지 어떤지를 알 수 있다는 것입니다.

지금도 세계적으로 활화산의 주변에 지진을 관측하는 장비가 설치되어 있는 경우가 많습니다. 과학자들은 화산의 피해로부터 인류를 보호하기 위해 지진 관측이라는 방법을 사용하고 있습니다. 화산 폭발 직전의 화산성 지진을 관측하여 화산 주변 지역 주민들에게 화산 폭발의 징후에 대해 알려 주는 것이죠. 지진은 인류에게 막대한 인명과 재산 피해를 가져다 주지만, 지진을 계속 관측함으로써 적어도 화산 폭발에 의한 피해를 막아 보자는 뜻이 담겨 있는 거예요.

속보입니다. 중부 지역에서 큰 지진이 발생했습니다.

선생님, 지진은 다 같은가요?

아닙니다. 지진에도 여러 가지가 있습니다.

지진은 생겨나는 깊이에 따라 얕은 곳에서 생겨나는 '천발 지진', 중간 깊이에서 생겨나는 '중발 지진', 깊은 곳에서 생겨나는 '심발 지진'이 있답니다.

지진 발생 깊이에 차이가 있군요?

맞아요. 천발 지진은 지표 약 60km 깊이에서, 중발 지진은 지하 약 60~300km 깊이에서, 심발 지진은 그 이상의 깊이에서 발생하는 지진을 가리킵니다.

천발 지진의 진원과 아주 가까운 지역은 커다란 지진 에너지가 전달되기 때문에 큰 피해를 입게 됩니다. 하지만 심발 지진은 천발 지진과 비교할 때, 넓은 지역에 걸쳐 순식간에 흔들림을 느끼게 되지만 지진파가 전파되어 오는 동안 에너지가 감소하여 파괴력은 상대적으로 약합니다. 그리고 화산이 폭발하기 직전이나 폭발할 때에도 지진이 일어납니다.

그럼 화산 주변에도 지진을 관측하는 장비가 설치되어 있겠네요.

이런 지진을 화산성 지진이라고 부릅니다.

이 정도면 일주일 정도 뒤엔 폭발하겠는걸.

맞아요. 모든 화산이 폭발하기 전에 큰 지진을 일으키는 것은 아니지만, 화산성 지진을 관측하면 화산 폭발이 가까운지 어떤지를 알 수 있답니다. 화산 피해로부터 사람들을 보호하기 위해 세계적으로 활동하고 있는 화산 주변에는 지진을 관측하는 장비가 설치되어 있답니다.

4

지진은
어떻게 관측하나요?

지진계에 기록된 진동의 모습을 보면서
지진을 어떻게 기록하는지 알아봅시다.

4

지진은
어떻게 관측하나요?

리히터는 중국의 지진계를 설명하며
네 번째 수업을 시작했다.

　이번 시간에는 지진을 어떻게 기록하는지에 대해 공부해
봅시다.

　지진을 기록하는 방법은 아주 간단한 원리에서 출발합니
다. 바로 '땅이 흔들린다'는 것이죠. 땅의 흔들림을 기록하는
기계를 지진계라고 부릅니다.

　세계에서 가장 오래된 지진계는 중국에서 만들어졌어요.
132년 중국의 후한 시대에 만들어진 것으로 후풍지동의라 하
는데, 아주 재미있는 모양을 하고 있지요.

세계에서 가장 오래된 지진계

리히터는 그림 1장을 꺼내어 보여 주었다. 마치 꽃병을 엎어 놓은 것 같은 그림인데, 병 둘레에 전설의 동물인 용이 그려져 있고 용의 입에는 여의주라 불리는 구슬이 물려 있다. 그리고 바닥에는 두꺼비가 입을 벌린 채 앉아 있다.

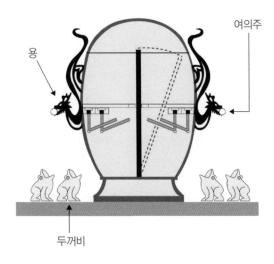

세계 최초의 지진계인 후풍지동의

후풍지동의 병 모양 용기는 지름이 약 2m로 청동으로 만들어져 있어요. 그 둘레에는 8마리의 용이 여의주를 물고 있죠. 아래에는 다시 8마리의 두꺼비가 입을 벌리고 있습니다. 8마리의 용과 두꺼비가 나타내는 것은 8방위, 즉 동서남북 4방향과 그 사이의 4방향을 나타냅니다. 이것이 왜 지진계라는 것일까요?

용의 입에 물려 있는 여의주를 잘 보세요.

만약 지진이 나서 땅이 흔들리면 가장 세게 흔들리는 쪽에 있는 용의 여의주가 아래로 떨어집니다. 그 여의주는 두꺼비의 입 속으로 들어가게 되지요.

이런 식으로 지진이 일어날 때 어느 방향으로 흔들림이 강했는지 알게 되는 것이지요. 그런데 이 지진계는 현재 우리가 사용하는 지진계와 많이 다릅니다. 왜 그런지 좀 더 자세히 설명할게요.

지진계의 원리

지진에 의한 땅의 흔들림은 떨림을 뜻하는 '진동'으로 표현됩니다. 시계추가 왔다 갔다 하는 것도 진동이고, 기타 줄을 퉁길 때 떨리는 현상도 진동이에요. 이러한 진동을 기록하는 데에는 빠르기와 높이를 알아야 합니다.

리히터는 고무줄을 꺼내 한쪽 벽에 붙이고 줄을 퉁겼다.

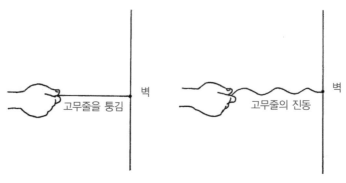

고무줄이 진동하는 모습

여러분이 지금 보고 있는 고무줄의 움직이는 모습에서 진동을 설명해 볼게요.

고무줄을 퉁기니 줄이 아래위로 움직이죠. 줄의 높이가 변하고 있어요. 줄이 제일 높이 올라갔을 때를 마루라 하고 제일 낮아졌을 때를 골이라고 합시다. 그러면 퉁기기 전 고무줄의 높이에서 마루 또는 골까지의 높이를 진동의 폭이라고 하여 진폭이라 부릅니다. 그리고 고무줄이 떨릴 때 마루에서 다음 마루 또는 골에서 다음 골까지 걸리는 시간을 주기라고 합니다. 진폭과 주기는 진동을 기록하는 데 매우 중요하기 때문에 반드시 기억해야 합니다.

요즘 우리가 지진을 기록하는 데 사용하는 지진계는 땅의

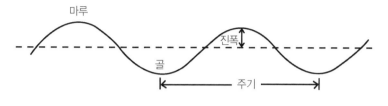

진동에서 마루, 골, 진폭, 주기

진동에 대한 진폭과 주기를 측정할 수 있습니다. 세계 최초의 지진계가 요즘 지진계와 다른 이유는 진동이 어느 방향에서 있었는지는 알 수 있지만, 진폭과 주기를 측정할 수 없다는 데 있지요.

__선생님, 지진이 일어나면 땅이 흔들리니까, 지진계도 같이 흔들리지 않나요?

한 학생이 손을 번쩍 들어 질문하자, 리히터는 아주 흡족한 듯 웃으며 대답했다.

아주 좋은 질문입니다. 학생이 말한 대로 지진이 일어나서 땅이 흔들리면 지진을 측정하는 지진계도 같이 흔들립니다. 그런데 지진의 진동을 정확하게 기록하기 위해서는 땅의 흔들림에 아랑곳하지 않는 고정된 점이 필요합니다. 고무줄의 진동을 살필 때 고무줄의 한쪽을 벽에 고정시키는 것처럼 말이죠.

리히터는 줄이 달린 쇠공을 학생들에게 나누어 주었다. 아주 묵직한 쇠공을 받아 쥔 학생들은 손에 쥔 쇠공을 이리저리 돌려 보았다.

여러분이 받은 쇠공의 줄 끝을 손으로 잡고 흔들어 보세요. 2가지 실험을 해 봅시다. 먼저 쇠공을 천천히 흔들어 보고, 다음엔 아주 빨리 흔들어 보기로 하죠.

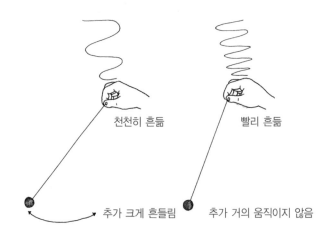

천천히 흔듦   빨리 흔듦

추가 크게 흔들림   추가 거의 움직이지 않음

줄 달린 쇠공을 흔드는 모습

학생들이 쇠공의 줄을 천천히 흔들자 쇠공이 좌우로 크게 흔들리기 시작했다. 마치 벽시계의 추가 좌우로 움직이듯 쇠공 역시 좌우로 흔들렸다.

그런데 줄을 흔드는 속도를 조금씩 높이자 이상한 현상이 벌어졌다. 손은 점점 빨리 움직이는데, 쇠공은 오히려 가만히 정지하려 했다. 이윽고 쇠공은 움직이지 않고 줄을 잡은 손만 아주 빨리 움직였다.

어때요? 무언가 다름을 느낄 수 있나요? 손을 빠르게 흔든다는 것은 바로 땅의 진동이 큰 경우에 해당합니다. 그런데 이 흔들림이 아주 클 때 쇠공은 움직이지 않게 되죠. 이 원리를 거꾸로 이용한 것이 지진계입니다.

지진계에 무거운 쇠공 같은 추를 달고 그 끝에 바늘을 붙여 땅의 흔들림을 기록하는 것이죠.

학생들은 신기한 듯 서로의 얼굴을 물끄러미 바라볼 뿐이었다.

지금 여러분이 실험해 본 것이 지진을 기록하는 지진계의 기본 원리입니다. 땅이 흔들릴 때 지진계도 따라서 움직이면 지진의 진폭과 주기를 정확하게 기록할 수 없겠지요. 그래서

과학자들은 땅이 흔들려도 기록하는 장치는 흔들리지 않는
장치를 생각해 냈죠.

리히터는 몇 가지 그림을 보여 주었다.

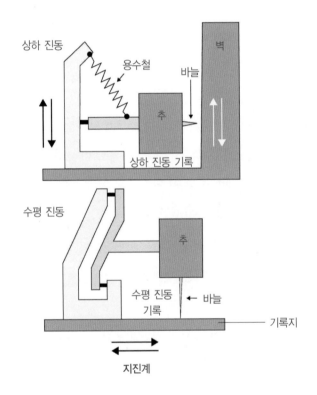

여기 있는 그림들이 최근까지 사용되어 온 단순한 기계식
지진계들입니다. 무거운 추를 진자로 하여 추에 달린 바늘이

땅의 흔들리는 모습을 기록하는 것이에요. 무거운 추를 사용하는 것은 앞에서 쇠공을 가지고 실험했듯, 땅이 움직이더라도 바늘은 움직이지 못하게 하기 위함이에요.

이 지진계 중 하나는 아래위의 진동을 기록하는 상하식 지진계이고, 다른 하나는 동서남북의 방향을 기록하는 수평식 지진계입니다. 물론 상하와 수평을 한꺼번에 기록할 수 있는 지진계도 많이 사용되고 있지요.

최근에는 전자식 지진계가 개발되어 널리 보급되었어요. 땅의 진동을 더욱 정밀하게 기록할 수 있게 됨에 따라 우리는 지진의 모습을 좀 더 잘 이해하게 되었습니다.

그러면 지진계에 기록된 진동의 모습을 보기로 하죠.

리히터는 두루마리 종이를 학생들 앞에 펼쳤다. 거기에는 마치 누가 낙서를 해 놓은 듯 지저분한 선들이 그려져 있었다.

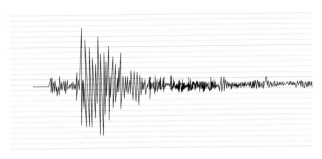

지진계에 기록된 지진파

종이에 그려진 선들이 바로 지진계가 기록한 지진의 진동 모습입니다. 땅이 흔들릴 때 지진계의 바늘이 흔들림의 정도를 종이 위에 그려 놓은 것이죠. 선들은 지진으로 생긴 흔들림과 진동을 나타내고, 이 진동은 마치 물결치는 파동으로 나타납니다. 왜냐고요? 이 선들을 자세히 살펴볼까요?

아무렇게나 그려진 것이라고 생각했던 선들을 크게 확대했더니 규칙적인 모양이 나타났다. 확대한 그림에 리히터는 진폭과 주기를 써 넣었다.

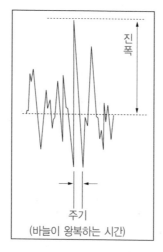

지진파 기록을 확대한 모습

앞에서 진폭과 주기에 관한 이야기를 했었죠? 지진의 진동 역시 그 기록에서 진폭과 주기를 알아낼 수 있어요.

그런데 지진계에 기록된 진동의 모습을 자세히 보면, 처음에는 작은 진폭의 진동이 기록되다가 갑자기 진폭이 아주 커집니다. 그리고 진폭은 서서히 작아지는 것을 알 수 있어요. 그런 모습이 보이나요?

— 네.

진동의 진폭이 변하는 것은 어떤 지진에서도 나타나는 흔한 현상입니다. 그리고 진폭의 변화가 뜻하는 것 또한 우리가 지진을 이해하는 데 매우 중요합니다. 지금부터 진폭의 변화가 왜 일어나는지 설명해 볼게요.

지진파 P파, S파

지진계에 기록되는 진동은 지하에서 일어난 지진으로 땅이 흔들리기 때문에 그 흔들림이 지진계에 고스란히 기록된 것이에요. 그런데 지진이 일어날 때 땅의 흔들림은 사실 처음부터 끝까지 같은 모양이 아닙니다. 지진의 충격이 땅을 흔들 때 땅의 움직임에는 크게 2가지 모양이 나타납니다.

지진의 충격이 지하에서 퍼져 나갈 때, 그 충격은 마치 물결처럼 움직입니다. 여러분이 종종 호숫가에서 장난칠 때를 생각해 보세요. 호수에 돌을 던지면 물이 물결치며 퍼져 나가죠. 그와 비슷하게 지진이 일어나면 지진이 발생한 지하의 장소에서부터 지진의 충격은 땅속을 퍼져 나가게 됩니다. 이때의 퍼짐을 지진의 파동이라고 하여 지진파라고 부른답니다.

　앞에서 지진으로 흔들리는 땅의 움직임에 2가지 모양이 있다고 했는데 사실은 지진의 파동, 즉 지진파에 서로 다른 2가지 모양이 있다는 것이에요. 과학자들은 지진파가 전달되는 2가지 방법을 P파와 S파라고 합니다.

　어떤 지역을 여행하고 있을 때 갑자기 지진이 일어났다고 생각해 봅시다. 강한 지진이 발생했을 때 우리는 먼저 멀리서 땅울림과 같은 것을 느낍니다. 이때 느끼는 것이 P파이

호숫가에서 돌을 던질 때 물결이 파동으로 퍼지는 모습

고, 그 뒤로 점차 크게 흔들림을 느끼는 것이 S파입니다.

이는 2가지 지진파 중에서 먼저 느끼는 것과 나중에 느끼는 것이 있다는 뜻입니다. 다시 말해서 먼저 느끼는 것이 P파, 나중에 느끼는 것이 S파라고 기억하면 됩니다. 우리가 느끼는 것을 지진계도 똑같이 기록하는 것이죠. 그러니까 지진계에 먼저 약하게 기록되는 것이 P파이고, 나중에 크게 기록되는 것이 S파입니다.

지진계의 기록을 다시 한번 보세요. 처음에 작은 진폭의 기록이 있죠? 그것이 P파의 기록입니다. 그리고 갑자기 큰 진폭의 기록이 나타나는데, 바로 S파의 기록입니다.

지진파가 기록되는 순서가 다른 이유는 이 2가지 파동, 즉 P파와 S파가 땅속을 퍼져 나가는 속도가 다르기 때문이에요. 그렇다면 어느 것이 좀 더 빠르게 전달되었을까요?

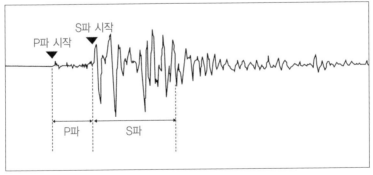

P파와 S파

먼저 기록된 P파예요.

학생들이 이구동성으로 대답했다.

　맞아요. 정말 똑똑한 학생들이군요. 빠른 지진파가 먼저 기록되는 것이니까, P파가 빨리 전달되어 기록된 것입니다.

　사실 P파, S파라는 용어 안에는 순서가 결정되어 있습니다. P는 최초(primary)라는 뜻의 영어 첫 글자에서 따 왔고, S는 두 번째 (secondary)라는 뜻의 영어에서 따 왔습니다. 그렇다고 해서 처음의 지진이 P파를 만들고, 그다음 지진이 S파를 만드는 것은 아닙니다. 한 번 일어난 지진에서 2개의 지진파가 만들어지는데 땅의 흔들리는 모양이 다르다는 것이에요.

　리히터는 칠판에 기둥처럼 보이는 물체를 2개 그렸다.

　오른쪽 2개의 기둥 그림을 지하에 있는 암석 기둥이라고 생각합시다. 아래쪽에서 지진이 일어났을 때 그 충격의 파동이 지표로 전달되는 모습이 두 기둥에서 다르게 그려져 있습니다. 왼쪽 그림에서 땅의 흔들림, 즉 진동의 모습을 보면 지진파가 진행하는 방향과 진동의 방향이 같다는 것을 알 수

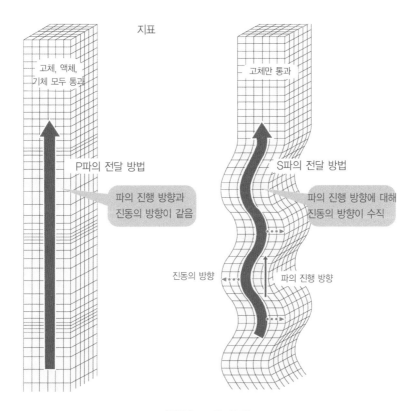

P파(왼쪽), S파(오른쪽)

있죠. 하지만 오른쪽 그림에서는 지진파의 진행 방향과 진동
의 방향이 수직을 이루고 있어요.

　이처럼 지진이 지하에서 발생했을 때 지진의 충격이 땅속
을 퍼져 나가는 2가지의 다른 모습이 있는 것이에요. 왼쪽
그림처럼 파동이 빠르게 전달될 때의 지진파를 P파라고 하

고, 오른쪽 그림처럼 파동이 땅을 좌우로 흔들면서 전달될 때의 지진파를 S파라고 합니다.

P파와 S파는 여러 가지 차이점이 있어요. 우선 P파의 속도는 빨라서 대체로 S파 속도의 2배에 가깝습니다. 또 P파는 고체, 액체, 기체 모두를 통과하기 때문에 지구 내부 어디라도 통과하여 퍼져 나갑니다. 그러나 S파는 고체는 통과하지만 액체나 기체는 통과하지 못하기 때문에, 액체로 되어 있는 지구 내부의 외핵을 통과하지 못합니다. 이런 차이는 우리가 지구 내부를 이해하는 데 중요한 도움이 됩니다.

그리고 2가지 지진파의 모습에서 지진이 일어났을 때 땅을 세게 흔드는 것이 어떤 파동인지 알 수 있습니다. P파와 S파 중에서 어떤 파동이 땅을 좀 더 세게 흔들까요?

__S파입니다.

맞습니다. 다음 시간에는 P파와 S파의 속도 및 도착 시간을 통해서 지진 발생지가 어디인지에 대해 알아보기로 합시다.

선생님, 이것이 가장 오래된 지진계인가요?

네, 132년 중국의 후한 시대에 만들어진 지진계로 아주 재미있는 모양을 하고 있어요.

후풍지동의

손대지 마셈

후풍지동의는 지름 약 2m의 청동으로 만들어져 있습니다. 둘레에는 8마리의 용이 여의주를 물고 있고, 아래에는 8마리의 두꺼비가 입을 벌리고 있습니다. 용과 두꺼비는 여덟 방위, 즉 동서남북과 그 사이의 네 방향을 나타냅니다.

그런데 이게 어떻게 지진을 관측하나요?

후풍지동의는 지진이 나서 땅이 흔들리면 가장 세게 흔들리는 쪽에 있는 용의 여의주가 아래로 떨어집니다.

아, 여의주가 떨어진 방향으로 지진이 난 곳을 알았군요.

그럼 옛날 지진계와 요즘 지진계의 차이는 뭘까요?

글쎄요.

옛날 지진계는 진동이 어느 방향에서 오는지는 알 수 있지만, 지진의 진폭과 주기는 측정할 수 없었어요.

그럼 요즘 지진계는 방향, 진폭, 주기까지 알 수 있는 거군요.

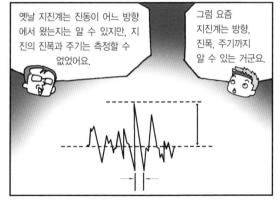

S파 도착

P파 도착

예, 그리고 지진계가 기록한 모습으로부터 P파인지 S파인지 지진파의 종류도 구분할 수 있어요.

지진이 어디에서 일어나는지 알 수 있나요?

지진의 발생지는 어떤 방법으로 알 수 있을까요?
지진 관측소에 도착하는 P파와 S파의 속도 및 시간을 통해서
진원 거리에 대해 자세히 알아봅시다.

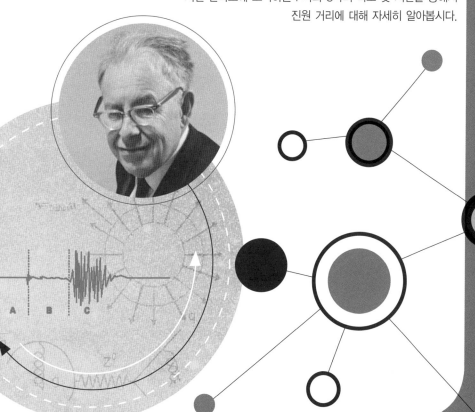

5

다섯 번째 수업

지진이 어디에서 일어나는지 알 수 있나요?

리히터가 한 학생의 질문을 받으며
다섯 번째 수업을 시작했다.

리히터가 수업을 시작하려는 순간, 한 학생이 일어나 질문했다.

__선생님, 땅이 크게 흔들리면 지진이 일어났다는 것을 알
수 있습니다. 하지만 지진이 집 근처에서 일어났는지 아니면
아주 먼 데서 일어났는지는 어떻게 알 수 있나요?

리히터는 빙그레 웃으며 대답했다.

아주 좋은 질문이에요. 지진이 과연 어디에서 일어났는지

어떻게 알 수 있느냐에 대한 질문이죠?

가끔 TV 뉴스를 보면, 지진이 한국 어디에서 일어났다, 또는 일본 어디에서 일어났다고 보도합니다.

우선 지진이 발생한 땅속의 그림을 그려 보기로 하죠.

리히터는 칠판에 땅속의 모습을 그림으로 그렸다.

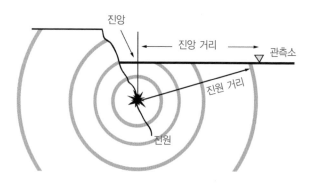

진원과 진앙

우리가 이미 공부했듯이, 보통의 지진은 지하에서 힘을 받은 암석이 끊어지면서 단층이 생기고, 그 충격이 전달되면서 일어나는 것이에요. 그렇다면 지진이 처음 발생한 지역은 지하의 어떤 지점이 되겠지요. 따라서 지하의 암반이 처음 파괴된 장소가 있을 테고, 그 지점을 진원이라고 한답니다.

지진이 처음 발생한 진원은 지하에 있어요. 그런데 지하의 진원에서 위로 계속 가면 지표가 나오겠죠. 즉, 진원 위쪽의 지표에 해당하는 지점을 진앙이라고 해요. 그러니까 지진이 발생한 지하의 지점이 진원, 그리고 진원 위쪽의 지표의 지점이 진앙인 것입니다. 꼭 기억하세요.

자, 앞 시간에 배운 것을 떠올려 봅시다. 지진파에는 2가지, 즉 P파와 S파가 있다고 배웠죠. 기억하고 있나요?

— 네.

학생들이 우렁차게 대답했다.

좋아요. P파와 S파라는 지진의 파동은 땅속을 퍼져 나가는 속도도 다르고, 모습도 다르다고 배웠습니다. P파가 빨라서 S파보다 먼저 도착한다는 사실을 여러분은 알고 있습니다. 지진계의 기록을 보면 먼저 도착한 P파의 진폭이 작게 기록되지만, S파가 도착하면서 진폭은 크게 변합니다.

그런데 세계적으로 기록되는 지진을 보면 P파 도착 후에 S파가 도착하는 시간은 일정하지 않습니다. 다시 말해 P파 도착과 S파 도착 사이의 간격이 다양하다는 것이지요. 왜 이런 일이 생기느냐면, 지진을 기록하는 지진의 관측소가 지진이 발생한 진원에서 서로 다른 거리에 있기 때문이에요.

가령 지진의 진원이 강원도 동해안의 지하에 있다고 합시다. 이 지진을 관측한 강원도 강릉의 관측소와 서울의 관측소는 진원으로부터 떨어져 있는 거리가 서로 다릅니다. 강원도 동해안에서 아주 가까운 강릉에 지진파가 먼저 도착할 것이고, 서울에는 좀 더 나중에 도착할 것입니다.

서로 다른 거리에 기록된 P파의 도착 시간도 다르지만, 속도가 더 느린 S파의 도착 시간에는 더 큰 차이가 생깁니다.

지진파 중 P파가 지각에 퍼져 나가는 속도는 1초에 약 7km입니다. 그런데 S파는 1초에 약 3.5km의 속도를 나타냅

동해안 해저의 지진파가 강릉과 서울에 도착하는 모습

니다. 그러니까 P파와 S파의 속도 차이는 1초에 3.5km 정도이지요.

지진 관측소에 도착하는 P파와 S파는 관측소에 따라 시간 차이가 다르다고 얘기했죠? 따라서 P파가 도착한 다음 S파가 도착하기까지의 시간을 알면 됩니다. 즉 지진을 관측하는 관측소에 도착한 P파와 S파의 도착 시각의 차이를 계산하면 진원의 거리를 알 수 있어요.

여러분이 알고 있듯이 속도는 거리를 시간으로 나눈 것이에요. 그러면 거리는 속도에 시간을 곱한 것이 됩니다.

속도 = 거리 ÷ 시간

거리 = 속도 × 시간

우리가 구하고 싶은 것은 관측소에서 지진이 발생한 진원까지의 거리입니다. P파도 S파도 같은 진원에서 출발하여 관측소까지 도착하였기 때문에 거리는 같습니다. 그러면 다음과 같은 공식이 성립합니다.

거리 = P파 속도 × P파 도착 시각

거리 = S파 속도 × S파 도착 시각

그런데 지진계에 기록된 P파 도착 시각과 S파 도착 시각은 지진이 발생한 후 지진파가 지하를 통과해서 관측소에 도착한 시각입니다. 좀 더 자세히 설명하면 P파 도착 시각이란 '지진계에 P파가 기록된 시간'에서 '지진이 발생한 시간'을 뺀 것이에요. S파 도착 시각도 이와 마찬가지예요.

하지만 여기에 문제가 있습니다. 지진파가 관측소에 도착하여 기록되는 시각은 지진계에서 알 수 있습니다. 그러나 관측소에서는 지진이 언제 발생했는지 알 수 없습니다. 다시 말해 관측소에 기록되는 지진파의 시각이란 지진이 발생한 후 지진파가 한참 동안 지하를 통과한 후의 시간이지요. 그러니까 지진파가 얼마 동안 지하를 통과했는지는 지진 발생 시각을 알아야만 합니다.

지금 우리가 구하고 싶은 것은 관측소에서 진원까지의 거리입니다. 그러나 지진이 발생한 시각을 정확히 모르면, 지진파의 도착 시각을 구할 수 없고, 따라서 거리도 계산할 수 없게 됩니다.

하지만 방법이 있어요. 지진파의 기록으로부터 P파와 S파가 도착한 시각의 차이를 알 수 있고, 이것을 이용하는 것입니다. 따라서 앞의 식들을 조금 바꾸면 다음과 같은 공식이 성립합니다.

거리 = P파 속도 ×S파 속도 ×(S파 도착 시각 - P파 도착 시각)÷

(P파 속도 - S파 속도)

예를 들어, 서울의 관측소에서 기록된 S파 도착 시각과 P파 도착 시각의 차이가 30초라고 합시다. 우리는 P파 속도가 1초에 7km, S파 속도가 1초에 3.5km라고 알고 있습니다. 그러면 서울에서 진원까지의 거리는 다음과 같습니다.

거리 = $7 \times 3.5 \times 30 \div 3.5 = 210(km)$

이 계산에서 알 수 있는 것은 서울의 관측소에 기록된 지진이 서울에서 210km 떨어진 곳에서 일어났다는 것이지요. 처음에 강원도 동해안의 지하에 진원이 있다고 했으니까, 서울에서 동쪽으로 210km 떨어진 곳이 되는 것이지요.

강릉의 관측소에서 S파와 P파 도착 시각의 차이가 10초 정도였다면, 강릉 관측소에서 진원까지의 거리는 70km 정도가 되지요.

지금까지 설명한 것은 지진 관측소에서 지진이 일어난 진원까지의 거리를 계산한 것이에요. 그런데 지진이 어디에서 일어났는지를 좀 더 정확하게 알려면 최소한 관측소가 세 곳

이상이 필요합니다.

앞에서 계산한 서울 관측소로부터 210km의 진원 거리는 만약 지진 발생 지역이 강원도 동해안이 아니었다면 지진이 발생한 장소가 동서남북 어디엔가 있을 것입니다. 하나의 진원 거리만 가지고는 정확한 위치를 알아낼 수 없다는 얘기이지요.

적어도 세 군데의 관측소에서 진원 거리를 구해야만 정확한 지진 발생 지점이 구해집니다.

리히터는 칠판에 커다란 원을 3개 그렸다.

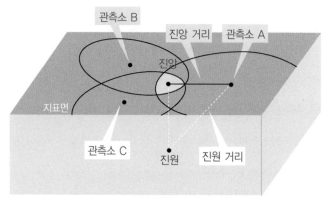

진앙을 결정하기 위해 필요한 세 곳의 관측소

여기에 관측소 A, B, C 세 곳이 있습니다. 그리고 각각의 관측소에 기록된 지진파의 모습으로부터 S파와 P파의 도착 시각을 구하고, 앞에서 살펴본 계산에 따라 각각의 진원 거리를 구했습니다.

관측소 A, B, C를 중심으로 하고, 계산된 각각의 진원 거리를 반지름으로 하여 원을 그립니다. 그러면 세 원이 거의 만나는 지점이 생깁니다.

사실 이 원들은 지하의 진원까지의 거리를 반지름으로 하기 때문에 지표에서는 반드시 한 점으로 만나지는 않아요. 이 3원이 만나는 점은 지하에 있고, 그림에서처럼 지표에서 3원이 만나는 듯한 점은 진앙이 되는 것이지요.

이렇게 세 관측소에서 구한 진원 거리를 반지름으로 하여 지도 위에 3원을 그리면 지표에서 진앙의 위치를 알 수 있어요. 앞에서 설명한 것처럼 진앙이 진원의 바로 위에 있기 때문에 지하에 있는 진원의 위치도 알 수 있는 것이죠. 이때 진원에서 관측소까지의 거리를 진원 거리라고 하며, 진앙에서 관측소까지의 거리를 진앙 거리라고 한답니다.

지진이 일어났을 때, 방송에서 지진의 발생 위치를 알려 주는 것은 지금까지 설명한 방법들을 이용하여 진앙이나 진원의 위치를 구하기 때문이랍니다.

만화로 본문 읽기

동해안에서 지진이 발생하였습니다.

그런데 지진이 어디서 일어났는지 어떻게 아는 거지?

그야 지진계로 알 수 있는 거잖아.

지진계로는 방향과 주기, 진폭만 알 뿐 위치까지는 모르잖아.

어, 그러네.

이런, 지진이 일어났네요.

딸깍

선생님, 지진이 어디서 일어났는지는 어떻게 알 수 있죠?

지진계는 위치까지는 알 수 없잖아요.

음, 지진파를 이용해 설명해 줄게요.

지진파의 종류에 P파와 S파가 있고, P파가 S파에 비해 속도가 빠르다는 것은 배웠죠?

P파 도착   S파 도착

네.

P파가 퍼져 나가는 속도는 1초에 7km 정도이며, S파가 퍼져 나가는 속도는 1초에 3.5km 정도입니다. 그러니까 P파와 S파의 속도 차이는 1초에 3.5km 정도지요.

P파
S파
초당   1 2 3 4 5 6 7
(km)

따라서 P파와 S파의 도착 시각의 차이를 이용하면 관측소로부터 얼마만큼 떨어진 지역에서 지진이 발생했는지를 알 수 있답니다.

$$거리 = \frac{P파\ 속도 \times S파\ 속도 \times (S파\ 도착\ 시각 - P파\ 도착\ 시각)}{P파\ 속도 - S파\ 속도}$$

그렇군요.

지진에도 크기가 있어요

지진은 흔들림에 따라서 크기를 나눌 수 있다고 합니다.
지진의 각 등급마다 어떤 현상이 일어나는지 그 과정들을 하나하나 살펴봅시다.

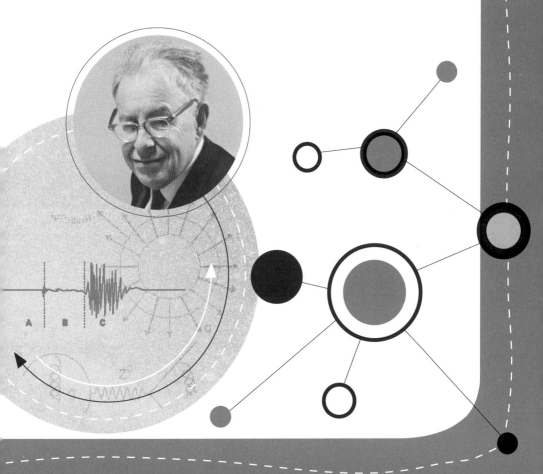

6

지진에도
크기가 있어요

리히터는 지난 밤 받은
이메일에 관한 이야기로
여섯 번째 수업을 시작했다.

어제 저녁에 한 학생으로부터 이메일을 받았습니다. 그 학생은 아주 재미있고 중요한 질문을 했어요. 어제 수업 시간에 지진이 발생한 장소로부터 가까운 지역과 먼 지역의 지진파 도착 시각이 다르다는 내용을 배웠는데, 그렇다면 두 지역에서 느끼는 땅의 흔들림도 다른지에 대한 질문입니다.

어제 이메일을 보낸 학생이 여기에 있겠죠?

교실에 모여 있던 학생들 중에 1명이 부끄러워하며 손을 들었다.

부끄러워할 일이 아닙니다. 아주 좋은 질문이었어요. 오늘은 우리가 느끼는 지진의 크기에 대해 알아보기로 합시다.

지진의 진도

지진이 발생한 어떤 지역에서 사람들이 느끼는 땅의 흔들림은 지진의 크기와 관계가 있습니다. 다시 말해 지진이 크냐 작냐에 따라 땅의 흔들림에도 차이가 생기는데, 흔들림의 정도에 따라 지진의 크기를 나눌 수 있어요. 이렇게 나눈 지진의 크기를 진도라고 합니다.

세계적으로 가장 많이 사용되는 진도는 크기를 12개로 나눈 메르칼리 진도 계급입니다. 정확하게는 예전에 사용하던 메르칼리 진도를 수정한 수정 메르칼리 진도 계급이라고 해야 옳습니다.

리히터는 칠판에 표를 그리고, 각 줄과 칸에 숫자와 설명을 써 넣었다.

지금 여러분이 보고 있는 표는 12등급으로 나눈 수정 메르칼리 진도 계급입니다. 12등급을 보면 진도 1이 가장 약한 지진이고, 진도 12가 가장 큰 지진입니다. 몇 가지만 살펴보죠.

진도	설 명
1	지진계만 느낄 정도의 지진으로 아주 민감한 약간의 사람만 느낄 수 있음.
2	빌딩 위층에 있는 약간의 사람만 느낄 수 있음.
3	빌딩 위층에서 쉽게 느낄 수 있지만, 대부분은 지진이라 생각하지 않음.
4	실내의 많은 사람들이 느끼고, 집 안의 물건들이 흔들림.
5	거의 모든 사람들이 느끼고, 잠자던 사람들은 잠이 깸. 집 안의 물건들이 떨어짐.
6	모든 사람들이 느끼고, 많은 사람들이 바깥으로 뛰쳐나옴.
7	거의 모든 사람들이 바깥으로 뛰쳐나오고, 건물의 일부가 파괴되기도 함.
8	튼튼한 건물조차 피해를 입고, 굴뚝과 탑이 무너지기도 함.
9	건물의 파괴가 심해지고, 땅이 갈라지기도 함.
10	돌로 지은 건물조차 파괴되며, 땅의 갈라짐이 심해짐. 철로가 휘어지기도 함.
11	대부분이 파괴되며, 다리가 무너지기도 함.
12	모든 것이 파괴됨.

수정 메르칼리 진도 계급

진도 3은 건물 옥상에서 흔들림을 느낄 수 있고 정지되어 있는 자동차가 약간 흔들릴 정도이지만, 대부분의 사람들은 지진이 일어났다고 느끼지 않는 크기입니다.

진도 5는 대부분의 사람이 흔들림을 느끼고, 잠자던 사람들은 잠을 깨기 십상입니다. 그리고 집 안의 물건들이 떨어지기도 하고, 시계추가 멈추기도 합니다.

진도 6은 모든 사람이 지진이 일어났다고 느끼고, 많은 사람들이 놀라서 바깥으로 뛰쳐나옵니다.

진도 7 이상이 되면 피해가 커집니다. 진도 10은 돌로 지은 건물조차 파괴되고, 땅이 갈라지기도 합니다. 따라서 진도 10 이상이 되면 엄청난 피해가 발생하는데, 생각하기도 싫을 정도가 되는 것이에요.

표를 읽어 나가던 학생들은 진도 7보다 큰 등급에 시선을 집중했고, 끔찍한 생각이 드는지 놀라서 입을 다물지 못했다.

여러분 마음에 벌써 무서움이 느껴지는가 보군요. 하지만 안심하세요. 한국에서 과거에 일어난 지진을 살펴보아도 진도 7 이상은 아주 드물어요. 최근 남해안과 동해안에서 기록된 지진은 드물게 진도 5 정도가 있지만 많은 경우 2에서 4 정도이기 때문에 큰 피해는 발생하지 않았어요. 앞으로도 더 큰 지진이 발생할 가능성은 그리 높지 않고요.

그제야 학생들이 안심하는 분위기였다.

지금까지 우리는 땅의 흔들림을 크기로 나타낸 진도에 대해 배웠습니다. 여기서 하나 더 짚고 넘어가야 합니다. 진도의 크기는 지진 발생 지역에서 멀어질수록 작아집니다. 즉, 지진이 발생한 지역에 가까울수록 땅의 흔들림이 크고, 멀수록 감소한다는 얘기지요. 다음 그림을 보세요.

리히터는 칠판에 한반도의 지도를 그리고 여러 곳에 숫자를 적어 넣었다.

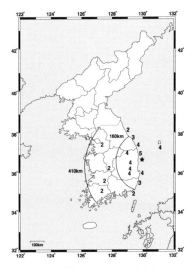

울진 해역 지진과 진도 분포

이 지도는 2004년 5월 동해안의 울진 해역에서 일어난 지진으로 기록된 진도의 분포입니다. 지진의 진앙을 별표로 표시해 두었어요. 그리고 한반도 각 지역에서 느낀 진도를 숫자로 표시한 것이고요. 무엇이 느껴지나요?

＿별표에 가까운 쪽에 높은 숫자가, 먼 쪽에 낮은 숫자가 쓰여 있어요.

맞습니다. 지진이 발생한 진앙, 즉 별표에 가까운 지역의 진도가 높게 나타나고, 진앙에서 멀어질수록 진도가 낮아지죠.

이처럼 진도는 지진 발생 지역에서 멀어질수록 작아지는데, 땅의 흔들림이 약해진다는 뜻이죠. 그 이유는 진원에서부터 출발한 지진파는 땅속을 퍼져 가면서 크기가 조금씩 작아지기 때문입니다. 즉, 지진의 충격이 먼 거리에서는 약해지는 것이에요.

그때 한 학생이 손을 번쩍 들어 질문을 했다.

＿선생님, 우리가 주먹으로 책상 중앙을 쾅 치면 그곳에서는 크게 흔들리고 가장자리에서는 약하게 흔들리는데, 진도를 그렇게 생각하면 되나요?

좋은 생각이에요. 책상 중앙에 내려친 힘은 중앙에서 가장

자리로 퍼져 나가면서 힘이 줄어들죠. 따라서 흔들림도 작아지는 것이죠. 이처럼 땅속에서 일어난 지진도 거리가 멀어질수록 크기가 줄어들어요.

조금 전에 질문한 학생이 다시 손을 들었다.

__그런데 제가 책상을 세게 칠 수도 있고, 약하게 칠 수도 있어요. 그러면 책상의 흔들림에도 차이가 나죠. 그러니까 진도도 지진이 일어날 때 충격의 크기에 따라 달라질 것 같은데요.

리히터는 아주 기쁜 듯 입가에 미소를 지었다.

아주 똑똑한 학생이네요. 그것은 지진의 크기에 대한 또 다른 질문입니다.

맞아요. 지진이 일어날 때 어느 정도 크기의 충격이었느냐에 따라 땅의 흔들림에도 분명히 차이가 납니다. 큰 충격일수록 전체적인 진도의 크기도 커지죠. 학생이 말한 것처럼 책상을 세게 칠 수도, 약하게 칠 수도 있어요. 그처럼 지진의 충격도 큰 경우와 작은 경우가 있습니다.

과학자들은 진도와 다르게, 지진이 발생한 충격의 크기를 측정하기도 합니다. 진도는 쉽게 얘기해서 땅이 흔들리는 정도를 나타내는데, 진도만 가지고는 지진이 발생했을 때 충격의 크기는 정확하게 알 수 없어요.

　지금부터는 지진으로 발생하는 충격의 크기에 대해 설명해 볼게요.

지진의 규모

　진도는 어떤 장소에서 땅의 흔들림 정도를 나타내지만, 지진이 발생한 바로 그 장소에서의 충격의 크기는 따로 부르는 이름이 있습니다. 앞에서 학생이 얘기한 것처럼 책상을 세게 내려치는 것과 약하게 내려치는 것은 분명 힘의 차이가 있죠. 이 힘의 크기에 해당하는 지진의 충격을 규모라고 부릅니다.

　규모라는 말은 지진이 발생한 지점에서 순간적으로 방출되는 에너지의 크기입니다. 바로 충격 에너지가 되는 것이에요.

리히터는 헛기침을 한 번 하고는 다시 말을 이어 갔다.

　지진의 충격 에너지를 크기로 표현하기 시작한 사람은 다름 아닌 나예요.

—네?

학생들의 눈에서는 놀라움과 존경스러움이 흘러나왔다.

　그래서인지 사람들은 지진 에너지의 크기를 제가 만든 수학식을 이용하여 계산했고, 그것을 리히터 규모라고 불러 주었어요. 우선 규모를 어떻게 정하는지 설명할게요.

리히터는 칠판에 지진파의 그림을 그리기 시작했다.

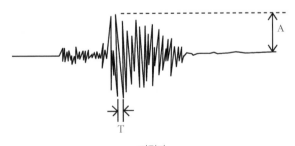

지진파

여기에 어떤 관측소에 기록된 지진의 파동이 있습니다. 이 기록에서 큰 진폭을 가진 S파의 최대 진폭을 A라고 하고, 주기를 T라고 하면 규모 M은 다음과 같아요.

$$M = \log(a/T) + B$$

이 식에서 a는 최대 진폭 A를 지진계의 증폭률로 나눈 값이고, B는 진원의 깊이와 진앙 거리에 따라 계산한 값입니다.

그리고 규모 M은 에너지를 표현할 수 있습니다. 다음 식을 한번 보세요.

리히터는 칠판에 간단하지만 이상한 수학식을 하나 썼다.

$$\log E = 11.8 + (1.5 \times M)$$

이 식에서 E는 에너지의 크기로 단위는 에르그(erg)입니다. 그리고 M은 지진의 규모를 나타냅니다.

즉, 주어진 식은 지진 에너지의 크기 E와 지진의 규모 M이 관계되도록 만들어진 식입니다. 그리고 규모 M은 0에서부터 9까지의 숫자로 나타나는데, 정수로만 나타나는 것이 아니라 소수점 한 자리까지 표현하는 것이 보통이에요. 이것도 진도와 다른 점이죠.

또한 진도는 1, 2, 3, 4…… 등의 정수로만 표현하는 데 비해, 규모는 2.5, 5.2, 6.7과 같이 소수점 한 자리까지 표현하고 있습니다.

규모의 숫자는 지진 에너지의 크기라고 했습니다. 즉, 지진이 발생했을 때 나오는 힘의 크기이지요. 그러면 규모가 클수록 에너지는 크고, 규모가 작을수록 에너지는 작죠.

앞에서 살펴 수학식에서 계산해 보면 규모(M)에서의 1 차이는 에너지(E)에서 약 30배의 차이가 납니다. 그러니까 규

규모	에너지(단위: 에르그)	진도
M 0.0	6×10^{11}	극미소 지진
M 1.0	2×10^{13}	미소 지진
M 2.0	6×10^{14}	
M 3.0	2×10^{16}	소지진
M 4.0	6×10^{17}	
M 5.0	2×10^{19}	중지진
M 6.0	6×10^{20}	
M 7.0	2×10^{22}	대지진 거대 지진
M 8.0	6×10^{23}	
M 9.0	2×10^{25}	

규모와 에너지의 비교

모 4.0과 규모 5.0의 차이는 1이지만, 에너지의 차이는 약 30배로 사실 엄청난 차이가 있는 것이에요.

오늘 수업 중 동해안 울진 지진에 의한 땅의 흔들림, 즉 진도가 어떻게 분포하는지 살펴본 적이 있죠? 울진 지진의 규모는 5.2로 보고되었습니다. 이 정도의 규모도 사실 엄청난 에너지입니다. 1945년 일본의 히로시마에 떨어진 원자 폭탄의 파괴력이 규모 5.5 정도 지진의 에너지와 비슷하다고 하니까 규모 5.2의 울진 지진도 에너지가 작은 것이 아니죠.

규모 6 정도가 되면 에너지는 1Mt(메카톤)의 수소 폭탄의 폭발력에 이를 것이라는 얘기도 있습니다. 세계적으로 기록된 지진의 경우 규모가 8 이상 되는 것도 있습니다. 이런 지진은 우리 인류에게 엄청난 재앙을 가져다줄 수 있는 것이에요.

오늘은 지진의 진도와 규모에 대해 공부했습니다. 혹시 TV를 통해 지진에 대한 얘기가 나올 때 진도와 규모가 얼마인지 주목해 보세요. 가끔 신문이나 방송의 기자 아저씨들도 진도와 규모를 혼동하여 말하기도 하거든요. 여러분은 진도와 규모의 차이를 분명하게 알아 두고, 혼동하는 일이 없도록 해야겠지요.

과학자의 비밀노트

2010년 아이티와 칠레의 지진 비교

	아이티	칠레
발생 일	2010년 1월 12일	2010년 2월 27일
규모	7.0	8.8
사망자	35만 명	800명
피해자	300만 명	200만 명
재산 피해액	81억~139억 달러	150억~300억 달러
진양지와 피해 도시 간 거리	15km	115km

아이티 : 리히터 규모 7.0의 강력한 지진이 발생한 데 이어 진도 5.0 이상의 여진만 20여 차례가 잇따랐다. 또한 태평양 쓰나미 센터는 인근 카리브 해 지역에 쓰나미 경보를 발령했다.

　칠레 : 대지진을 많이 겪어 온 터라 지진에 대한 예방 및 대책은 어느 정도 갖춘 상태였으나 2010년 지진 발생 시 해안 지역에 쓰나미 경보를 울리지 않은 게 화근이었다. 피해자의 70%가 해안 지역에서 발생했다.

7

쓰나미가 무서워요

쓰나미로 피해를 입은 나라는 어디일까요?
쓰나미가 일어나는 원인은 무엇이며, 어떤 피해를 주는지 알아봅시다.

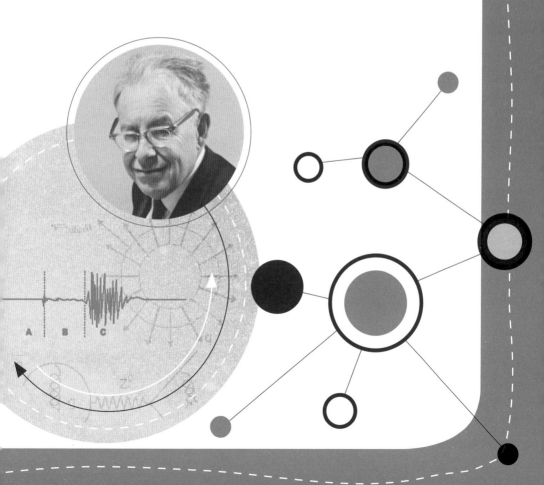

7

일곱 번째 수업

쓰나미가 무서워요

리히터는 2004년
인도네시아 지진을 떠올리며
일곱 번째 수업을 시작했다.

큰 지진이 일어나면 건물이 파괴되고 땅이 갈라지며 산사태가 일어나기도 합니다. 이런 지진의 피해는 보통 육지에서 일어나는 것이에요. 그런데 큰 지진이 바다에서 일어나면 상상할 수 없을 정도의 피해를 입기도 합니다. 재앙이라 불릴 수 있는 피해 말이에요.

리히터는 무언가를 잠시 생각하더니 표정이 굳어졌다.

혹시 여러분이 기억할지 모르겠지만 2004년 크리스마스 다음 날인 12월 26일, 우리는 잊을 수 없는 너무나도 큰 슬픈 소식을 접하였습니다. 바로 인도네시아의 지진과 그로 발생한 피해입니다.

그때 인도네시아 수마트라 섬의 서쪽 바닷속에서 엄청난 지진이 발생했습니다. 무려 규모 9.0이나 되었어요. 역사상 기록된 지진 중에서도 가장 큰 지진의 하나였죠. 하지만 지진이 바다에서 일어났기 때문에 육지에서의 피해는 그다지 심각하지 않았습니다.

그런데 엄청난 재앙은 지진이 일어난 다음 약간의 시간이 지나서부터 나타나기 시작했습니다. 지진이 일어난 인도네시아 주변에는 때마침 크리스마스 휴가를 즐기러 온 사람들로 북적거렸습니다. 적도에 가까운 해안이라서 사람들이 해수욕을 즐기기도 하고, 해안가에서 쉬고 있었지요.

그런데 갑자기 바다에서 물이 밀려들기 시작하더니 순식간에 해안을 완전히 덮쳐 버렸습니다. 사람들은 계속해서 밀려드는 바닷물을 피하기 위해 우왕좌왕했지만, 결국 많은 사람들이 바닷물에 휩쓸려 죽고 말았습니다.

이 피해는 지진 때문에 육지로 밀려든 높은 파도로 일어난 것이랍니다. 흔히 지진 해일 또는 쓰나미라고 부르는 것이지요. 어느 쪽도 다 맞는 말이지만 국제적으로는 쓰나미란 말을 더 많이 사용하고 있습니다.

　쓰나미는 우리가 바다에서 보는 파도와 전혀 다릅니다. 바다에서 일렁이는 파도 또는 풍랑은 주로 바람이 만드는 현상이에요. 하지만 쓰나미는 지진 때문에 바닷물의 높이가 높아지면서 나타나는 현상입니다.

　리히터는 빈 세숫대야를 가져와 물을 가득 채웠다. 그런 다음 한 학생에게 물 위로 '후' 하고 입바람을 불게 했다.

　이렇게 물 위로 바람을 불면 표면의 물이 출렁거리고, 물의 높이가 높아지죠. 이것이 보통의 파도입니다. 바다에서 바람이 강하게 불면 바다 표면이 출렁거려 높은 파도가 만들어지는 원리이지요.

파도는 물의 표면에서만 나타나는 물 높이의 변화입니다. 그러니까 표면에서 높이가 변하지만 물속에서는 아무렇지 않다는 것이에요.

그런데 쓰나미는 파도와 전혀 다릅니다. 쓰나미는 바닷속의 땅, 즉 해저가 높아지거나 낮아져서 만들어지는 물의 움직임입니다. 그러니까 바다 표면만이 아니라 수면에서 해저까지 물 전체가 움직이는 현상이죠.

다음 그림을 보세요. 아래쪽의 단층이 생기면서 해저가 오른쪽이 밀려 올라갔어요. 그러면 오른쪽의 물 전체가 들려 올라가고 왼쪽은 내려가게 됩니다. 이렇게 될 때 높아진 오른쪽의 물은 높이를 맞추려고 왼쪽으로 계속 움직여 가는 것이지요.

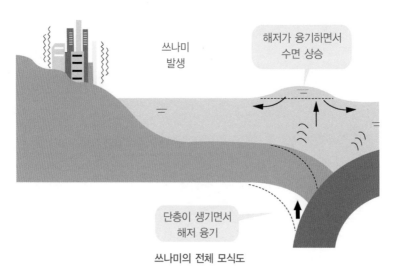

쓰나미의 전체 모식도

결국 쓰나미는 해저의 움직임이 원인이 되는 경우에 발생하는 것입니다. 쓰나미가 만들어져 해안으로 이동해 오는 모습을 좀 더 자세히 살펴봅시다.

리히터는 칠판에 해안의 모습을 그리기 시작했다.

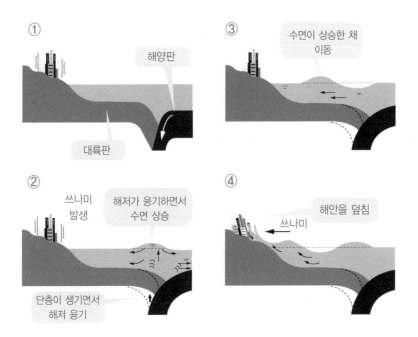

해안으로 다가오는 쓰나미의 모습

먼저 그림 ①은 지진이 일어나기 전 해안의 모습인데, 오른쪽의 해저에서는 해양판이 대륙판 아래로 침강하고 있어요.

그림 ②는 침강하던 해양판과 반대쪽 대륙판의 경계에서 단층이 생겨 왼쪽의 해저가 들려 올라간 모습입니다. 이때 그 위쪽의 바닷물도 들려 올라가게 됩니다.

그림 ③은 들려 올라간 바닷물이 해안 쪽으로 빠르게 이동하는 모습입니다. 그리고 그림 ④는 쓰나미가 해안을 덮치는 모습이고요.

이처럼 쓰나미는 수면에서 해저까지 채우고 있는 물 전체가 움직이는 것이고, 들려 올라간 물이 수면의 높이를 맞추려 이동하는 것입니다. 그러면 쓰나미의 이동 모습을 예를 들어 설명해 볼게요.

리히터는 물을 채운 풍선 5개를 준비하여 책상에 가지런히 놓았다.

여기에 물 풍선 5개가 있습니다. 내가 손가락으로 가장 왼쪽의 풍선을 찔러 보겠습니다. 어떤 일이 생길까요?

리히터가 손가락으로 가장 왼쪽의 물 풍선을 찌르자 오른쪽으로 찌그러지는 모양이 그다음 풍선으로 계속 전달되어 나갔다. 이후 가장 왼쪽의 풍선은 찌그러졌다 다시 원래 모양으로 되돌아오고, 그다음 풍선들도 마찬가지였다.

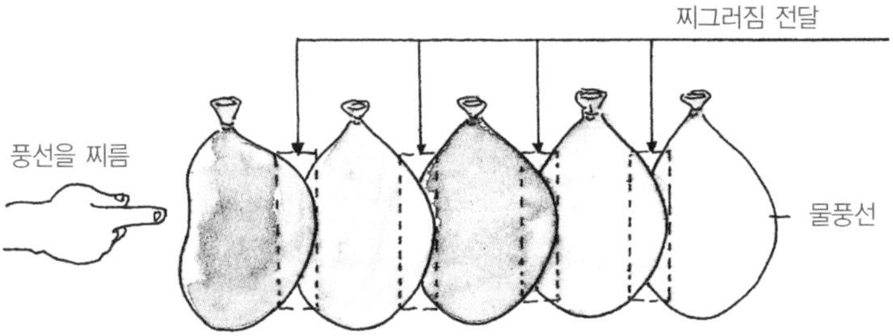

찌그러짐 전달

풍선을 찌름

물풍선

잘 보았죠? 가장 왼쪽의 풍선을 찌르니 모양이 찌그러졌다가 다시 원래대로 돌아오지만, 찌그러진 모양은 계속 오른쪽으로 전달됩니다.

바로 이것이에요. 해저에서 지진이 발생한 지점에서는 바닷물이 높아져 쓰나미가 발생합니다. 그러나 쓰나미가 이동하면서 높아진 바닷물은 원래 높이로 되돌아오지만, 쓰나미가 진행하는 방향의 물 높이는 계속 높아져 결국에는 해안가를 덮치는 것입니다.

한 학생이 손을 들어 질문했다.

__선생님, 쓰나미가 해안을 덮치더라도 바닷가에서 쉽게 알 수 있지 않나요? 그러면 바닷물이 조금 높아질 때 도망가면 되잖아요.

좋은 질문입니다. 만약 쓰나미가 아주 서서히 다가온다면 충분히 피할 수 있어요. 그런데 쓰나미의 속도는 상상을 초월할 정도로 빠르답니다.

과학자들은 쓰나미에 대한 연구를 통해 쓰나미가 해저 지진이 일어난 곳으로부터 해안으로 이동하면서 빠르기가 변한다는 사실을 알아냈습니다. 특히 쓰나미의 속도는 바다의 깊이와 관계가 있어요. 다음 식을 보세요.

리히터는 칠판에 수학식 하나를 썼다.

$$v = \sqrt{g \times b}$$

과학자의 비밀노트

제곱근

실수 a와 자연수 n에 대하여 $x^n = a$를 만족시키는 x가 존재할 때, 이것을 a의 n제곱근이라 한다. 즉, 양의 실수로서 a의 n제곱근이 되는 것을 $\sqrt[n]{a}$ 으로 나타내며, $\sqrt{}$ 를 근호 또는 루트라고 한다.

예를 들어 $\sqrt{100}$이면 이 값은 $\sqrt{100} = \sqrt{10 \times 10} = \sqrt{10^2} = 10$이,
$\sqrt{25} = \sqrt{5 \times 5} = \sqrt{5^2} = 5$가 된다.

여기서 v는 쓰나미의 속도이고, g는 중력 가속도의 값으로 일정합니다. h는 바다의 깊이, 즉 수심입니다. 중력 가속도의 값이 일정하기 때문에 쓰나미의 속도는 수심에 비례하지요.

즉, 쓰나미의 속도가 중력 가속도와 수심을 곱한 값의 제곱근으로 구해지고, 중력 가속도가 일정하기 때문에 수심이 변함에 따라 속도가 달라지는 결과를 나타냅니다.

예를 들어 수심 2,000m의 바다 위를 쓰나미가 이동할 때 속도는 무려 시속 500km나 됩니다. 그런데 수심이 낮아져서

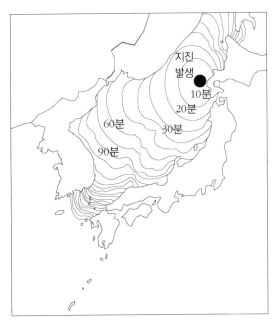

동해의 일본 쪽에서 일어난 지진에 의한 쓰나미의 전파 속도

200m 정도이면 속도는 시속 약 158km로 느려지지만, 이 속
도 역시 무시할 수준은 아닙니다.

만약 동해의 먼 바다, 즉 일본에 가까운 해저에서 지진이
일어나서 쓰나미가 발생했다고 생각해 보죠. 그러면 쓰나미
가 동해를 건너와 한반도의 동해안을 덮치기까지의 시간은
약 1시간 30분에서 2시간 이내입니다.

그런데 쓰나미는 속도만 중요한 것이 아닙니다. 쓰나미가
해안을 덮칠 때 피해는 쓰나미의 높이와 관계가 깊습니다.

리히터는 칠판에 해안을 덮치는 쓰나미의 모습을 그렸다.

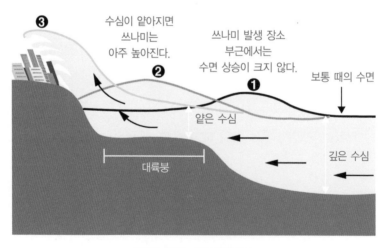

해안을 덮치는 쓰나미의 모습

쓰나미가 해안에 접근하면 수심이 낮아져 속도는 느려지지만, 대신에 높이가 아주 높아집니다. 그 이유는 얕아진 해저의 바닥이 쓰나미의 진행을 방해하기 때문에 속도는 느려져도, 해저와의 마찰은 높이를 높게 만들어 버리기 때문이에요.

따라서 깊은 바다를 빠르게 지나가는 쓰나미는 높이가 1m도 채 되지 않습니다. 만약 우리가 먼 바다에서 배를 타고 있다면, 우리 아래로 쓰나미가 지나가더라도 느끼기 힘듭니다. 그러나 쓰나미가 해안가에 가까워질수록 높이는 엄청나게 높아집니다.

1993년 일본 해안에 도착한 쓰나미는 높이 20m가 넘는 경우도 있었습니다. 과학자들은 쓰나미가 무려 70m까지 높아질 수 있다고 생각합니다. 그러니까 해안가를 완전히 덮어 버리고도 남죠. 이러한 쓰나미를 무시무시한 괴물이라고 표현해도 지나치지 않을 것입니다.

쓰나미가 밀어닥치면 피할 길이 없어요. 오늘 수업을 시작할 때 얘기했던 2004년 인도네시아의 지진과 쓰나미는 인도네시아 주변뿐만 아니라 인도양이라는 큰 바다를 끼고 있던 많은 나라에 피해를 주었어요. 인도네시아의 쓰나미는 해안에서의 높이가 약 10m였어요. 그 정도로도 무려 15만 명이 넘는 사람들이 목숨을 잃었습니다.

이처럼 피해가 컸던 이유는 인도양 주변 지역에 쓰나미 발생을 미리 알려 주는 경보 시스템이 없었기 때문이에요. 하지만 한국 주변의 태평양 지역에는 쓰나미 경보 시스템이 마련되어 있으므로 피해를 줄일 수 있습니다.

쓰나미는 보통 해저에서 일어나는 지진 때문에 발생하는 경우가 많습니다. 그러나 해저의 지진이 전부 쓰나미를 만들지는 않습니다. 대략적으로 보면 10개 중 하나 정도, 즉 10%의 지진이 쓰나미를 일으킨다고 알려져 있어요.

한국의 동해안도 과거 몇 차례 쓰나미의 피해를 입은 적이 있어요. 따라서 동해에서 일어나는 지진을 잘 감시하여 큰 피해를 입지 않도록 미리미리 준비하는 것이 바람직합니다.

만화로 본문 읽기

인도네시아에서 쓰나미가 발생해 엄청난 피해를 입었습니다.

선생님, 쓰나미로 엄청난 피해를 입었다고 하는데, 쓰나미는 파도와 다른 건가요?

전혀 달라요. 파도는 주로 바람이 만드는 현상이지만, 쓰나미는 지진 때문에 나타나는 현상이에요.

그렇군요.

바람

즉, 쓰나미는 바닷속 해저가 높아지거나 낮아져서 만들어지는 물의 움직임이에요. 바다 표면뿐 아니라 수면에서 해저까지 물 전체가 움직이는 현상인 것이지요.

그런데 쓰나미가 덮치기 전에 얼른 도망가면 괜찮지 않을까요?

만약 일본 가까운 쪽에서 쓰나미가 발생하면 동해안을 덮치기까지는 1시간 30분에서 2시간밖에 안 걸려요.

쓰나미 발생
10분
20분
30분
60분
90분

정말 빠르네요.

그런데 쓰나미의 피해는 쓰나미의 높이와 관계가 깊지요. 쓰나미가 해안에 접근했을 때 수심이 낮아져 속도는 느려지지만, 대신에 높이가 아주 높아져요.

수심이 얕아지면 쓰나미는 아주 높아진다.

수면 상승이 크지 않다.

얕은 수심

깊은 수심

대륙붕

왜 그런가요?

그 이유는 얕아진 해저의 바닥이 쓰나미의 진행을 방해하기 때문에 속도는 느려져도, 해저와의 마찰로 높이를 높게 만들어 버리지요.

8

지진은 어떻게
연구할까요?

지진 발생을 미리 아는 것은 큰 재앙을 막을 수 있다는 점에서 매우 중요합니다.
어떤 방법으로 지진을 연구하는지 자세히 알아봅시다.

여덟 번째 수업

지진은 어떻게
연구할까요?

리히터는 세계 곳곳에서
일어난 지진을 예로 들며
여덟 번째 수업을 시작했다.

지난 시간까지 우리는 지진이 판의 운동과 관계가 깊다는
것을 공부했고, 또 지각에 미치는 힘에 따라 지진이 일어난
다는 사실을 살펴보았습니다. 그런데 지진에 대해 과학적으
로 조사하기 시작한 것은 그다지 오래되지 않았습니다. 지진
을 과학적으로 연구하는 학문을 지진학이라고 하는데, 이런
연구가 어떻게 시작되었는지 알려면 약 250년 전으로 거슬러
올라가야 합니다.

오늘은 과학자들이 지진을 어떻게 연구하는지에 대해 공부
하기로 하겠습니다.

지진 연구를 시작하게 된 이유

1750년 2월 영국의 수도 런던에서 커다란 지진이 발생했습니다. 수많은 런던 시민들이 땅의 흔들림에 놀라 거리로 뛰쳐나왔지요. 이 지진은 한 달이 지나도록 여러 차례 계속되었어요. 커다란 지진이 일어나면 며칠 또는 몇 달간 작은 지진이 계속되는데, 이런 계속된 지진을 여진이라고 표현합니다. 이 런던 지진 때문에 영국 사람들은 아주 불안해했습니다. 특히 지진을 과학적으로 설명할 수 없었던 때였기에 불안감은 더욱 커졌습니다.

하지만 런던 지진은 시작에 불과했어요. 커다란 재앙은 런

던 지진이 발생한 후 5년 9개월이 지난 때에 일어났어요. 1755년 11월 포르투갈의 수도 리스본에 그때까지 유럽 사람들이 직접 경험해 보지 못했던 엄청난 지진이 일어났습니다. 리스본에 있던 대부분의 건물들이 부서졌고 많은 사람이 죽어 마치 전쟁터와 같았습니다. 계속된 지진, 즉 여진으로 말미암아 리스본과 그 주변 지역은 엄청난 피해를 입었어요.

그런데 피해는 땅의 흔들림과 건물의 파괴만으로 끝나지 않았습니다. 곳곳에 산사태가 일어났고, 더 심하게는 바닷물이 육지를 덮는 지진 해일이 밀어닥친 것입니다. 연속적으로 일어난 지진의 피해로 리스본에서만 6만 명 이상의 사람이 죽었습니다. 그리고 피해는 리스본뿐만 아니라 그 부근의 유럽 여러 나라에서도 이어졌지요.

유럽 사람들에게 리스본의 지진은 한마디로 하늘의 재앙이었습니다. 그리고 지진에 대한 공포감은 한동안 유럽을 마비시켜 놓았답니다. 사람들을 더욱 불안하게 만들었던 것은 지진이 왜 그리고 어떻게 발생했는지 아무도 설명할 수 없었다는 점입니다.

리스본 지진으로 유럽에 커다란 재앙이 있었던 바로 그 무렵 미국의 보스턴에서도 커다란 지진이 일어났고, 보스턴뿐만 아니라 그 주변 지역에 많은 피해가 있었습니다. 그러니까 1755년은 세계적으로 인류가 지진의 공포에 떨어야 했던 시기였다고 해도 좋을 정도입니다. 그리고 이때부터 과학자들은 지진에 대해 연구하기 시작했지요.

리스본 지진은 인류의 역사 속에서 결코 잊힐 수 없는 재앙임과 동시에 지진을 제대로 공부하기 시작한 출발점이라고 할 수 있어요. 때때로 과학의 연구는 어떤 동기가 필요한데, 지진학의 출발은 커다란 희생으로부터 인류를 보호해야 한다는 목적에서 비롯되었다고 해도 좋을 것입니다.

지금까지 과학자들이 지진 연구를 시작하게 된 역사에 대해 알아보았습니다. 과거를 이해하는 것은 현재를 알고 미래를 예측하기 위해 아주 중요한 것이에요.

역사책에 기록된 한반도의 지진

한 학생이 일어서서 질문했다.

__선생님, 저희가 사는 한반도에도 과거에 지진이 많이 일어났었나요?

그래요. 한반도에도 과거에 지진이 많이 발생했고, 역사책에 관련 기록이 실려 있답니다. 여러분들이 높은 관심을 보이니, 한반도의 과거 지진을 살펴보는 시간을 갖도록 하죠.

우선 과거 역사책에 남겨진 기록을 살펴봅시다. 《삼국사기》, 《고려사》, 《조선왕조실록》 등과 같은 책에는 어떤 지방에서 땅이 흔들려 집이 부서지고, 사람이 몇 명 죽었다는 기록이 생생하게 적혀 있어요.

서기 2년에서 1904년까지 자료를 보면 한반도에 약 2,000회의 지진 기록이 나타납니다. 그중에 진도 7 이상의 지진도 40회 정도 있었을 것으로 추측되지요. 이처럼 역사책에 기록된 지진을 역사 지진이라고 합니다. 역사책에 실린 기록 하나를 같이 읽어 볼까요?

779년 4월, 경주의 땅이 흔들리고 가옥이 부서져 죽은 자가 100여 명이나 되었다.

이 경주 지진은 진도가 9, 규모가 6.6 정도 될 것으로 추측합니다. 다음 지도를 한번 봅시다.

리히터는 한반도의 지도에 크고 작은 동그라미를 그려 넣었다.

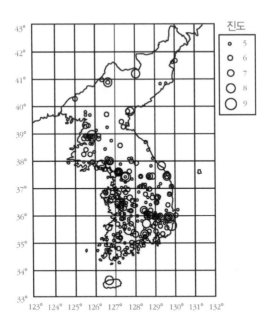

한반도 역사 지진의 분포

위의 지도에 한반도 여기저기에서 일어난 역사 지진의 장소와 진도를 표시하였습니다. 진도 7에서 9까지의 큰 지진도 찾을 수 있죠?

그런데 1905년부터는 지진계를 사용하여 지진을 관측하기 시작했어요. 지진계를 사용하여 밝혀낸 지진을 계기 지진이라 부른답니다.

오른쪽 지도는 1905년부터 현재에 이르기까지 한반도의 계기 지진을 표시한 것이랍니다. 여기서 동그라미의 크기는

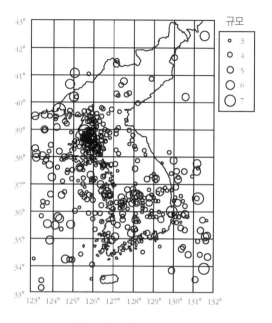

한반도 계기 지진의 분포

규모를 나타낸 것이에요.

어때요? 상당히 많은 지진이 과거 100년간 발생했음을 알수 있죠? 그러니까 한반도가 지진으로부터 안전하다고 말할수는 없지요.

앞으로도 크고 작은 지진이 계속 발생할 가능성이 있습니다. 따라서 피해를 입지 않도록 준비하는 길만이 최선의 방법이에요.

지진을 예측하려는 과학자들의 노력

자, 그럼 지금부터는 지진의 발생을 미리 알 수 없는가에 대해 알아보기로 해요. 지진에 대한 예측은 지진을 연구하는 과학자들의 중요한 목표이기도 합니다.

지진을 미리 안다는 것은 지진이 빈번하게 일어나는 지역의 사람들에게 닥칠 커다란 재앙을 미리 막아 준다는 점에서 아주 중요합니다. 하지만 지진이 언제, 어느 정도의 크기로 일어날지는 사실 알아내기 힘듭니다.

지진 예측에 대한 과학자들의 연구는 눈물겨울 정도입니다. 현재 세계 곳곳의 대학교나 연구소에서 지진을 연구하고 있습니다. 한국에서도 여러 대학교와 한국지질자원연구원, 기상청 같은 연구 기관에서 많은 과학자들이 지진을 연구하고 있죠. 다음 그림은 현재 한국에서 지진을 관측하는 관측소의 위치를 표시한 것이에요.

지진 연구의 기본적인 목표는 지진 예측의 신뢰도를 높이는 것입니다. 많은 과학자들이 미래에 발생할 지진의 시간, 장소, 크기 등에 대한 정확한 정보를 얻기 위해 노력하고 있는 것이지요. 그러면 어떻게 미래의 지진을 예측할 수 있을까요?

지진 예측의 연구는 크게 2가지로 이루어집니다. 하나는

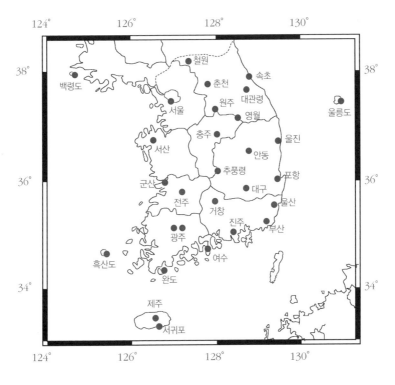

대한민국의 지진 관측소 위치

과거에 일어난 지진의 역사를 살피는 것이고, 다른 하나는 지각의 암석 속에 축적된 힘의 크기를 연구하는 것입니다.

과거에 커다란 지진이 어느 지역에서 얼마나 자주 발생하였는지를 아는 것은 앞으로 그 지역에서 비슷한 크기의 지진이 어떻게 일어날지를 판단하는 데 중요합니다.

예를 들어 볼게요. 어느 지역이 과거 200년 동안 규모 7 이상의 지진을 4번 경험했다고 생각해 봅시다. 그러면 과학자들은 다음 50년 동안 그 정도의 지진이 일어날 확률을 50 정도로 결정할 수 있습니다. 확률 50은 일어날 가능성과 일어나지 않을 가능성이 같은 정도를 말합니다.

하지만 이런 단순한 계산은 맞지 않을 때가 종종 있습니다. 그렇다 해도 과학자들은 과거의 역사 지진과 현재의 계기 지진을 종합적으로 해석하여 지진 발생의 가능성을 좀 더 정확히 계산하기 위한 노력을 계속하고 있어요.

지진 예측의 다른 방법은 암석 속에 축적된 힘의 크기를 살피는 것이라 했습니다. 두 번째 수업 시간에 공부한 것을 기억해 봅시다. 지구에서 일어나는 지진의 원인은 지구 표면을 덮고 있는 판의 움직임에 있다고 배웠죠?

판의 움직임은 지각을 이루고 있는 암석에 힘을 가해 줍니다. 마른 점토를 가지고 실험해 보았듯이 점토를 서로 다른 방향으로 비틀면 점토는 서서히 늘어나는가 싶더니 어느 순간에 '툭' 하고 부러집니다. 지각의 암석도 마찬가지예요. 판의 운동으로 암석에 힘이 가해지면 처음에는 서로 다른 방향의 힘에 따라 조금 변형되다가 결국에는 끊어지죠. 이때 에너지가 발생하여 지진이 일어난다고 배웠습니다.

다시 말하면 지각의 암석이 변형되다가 더 이상 원래 형태

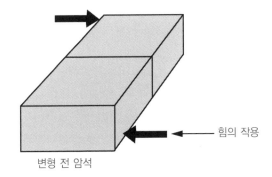

힘의 작용

변형 전 암석

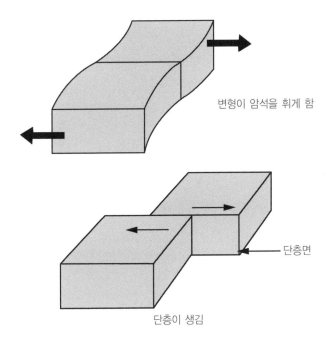

변형이 암석을 휘게 함

단층면

단층이 생김

단층 변형의 모습

를 유지하지 못하면 순간적으로 부러지죠. 이 사실로 암석을 부러지게 하는 힘이 암석 속에 어느 정도 축적되어 있는지를 알 때, 지진 발생을 예측할 수 있다는 것을 설명할 수 있습니다. 물론 암석 속에 축적된 힘을 알아내기가 쉽지 않지만, 세계적으로 지진을 일으키는 주요 단층을 대상으로 연구가 진행되고 있습니다.

과학자들은 지진이 발생하기 전과 후에 단층 주변 암석이 경험하는 힘의 변화를 계속 측정하고 있습니다. 이런 종류의 실험은 지진 예측에 아주 중요하답니다. 복잡한 수식을 여러분께 설명할 수는 없지만, 과학자들이 지진을 연구하는 데 자주 쓰는 방법이라는 것을 명심하기 바랍니다.

지진에 대한 과학적인 이해는 아주 중요합니다. 지진이 발생할 가능성이 큰 지역에서 인구가 늘고, 집과 건물을 짓는 공사가 많아지면서 지진에 대한 대비는 중요성이 커지고 있는 것이지요. 따라서 지진을 예측하려는 과학자들의 노력은 엄청난 피해를 가져다주는 자연 재앙으로부터 인류를 보호하려는 매우 의미 있는 일입니다.

선생님, 과학자들은 지진의 발생을 미리 알 수 있나요?

그러면 피해를 미리 막을 수 있겠지만, 지진이 언제 어느 정도의 크기로 일어날지는 알아내기 힘들어요.

우리나라는 어디에서 지진을 연구하고 있나요?

한국에서는 여러 대학교와 한국 지질자원연구원, 기상청과 같은 연구 기관에서 많은 과학자들이 지진을 연구하고 있어요.

대학 지진 연구소

한국 지질자원연구원

기상청

이 그림은 현재 한국에 있는 지진 관측소의 위치를 표시한 것이에요.

각 지역마다 있군요.

지진에 관한 연구는 어떻게 이뤄지고 있나요?

크게 두 가지예요. 하나는 과거에 일어난 큰 지진의 역사를 살펴서 앞으로 그 지역에서 비슷한 크기의 지진이 어떻게 일어날지를 판단하는 것이지요.

200년 동안 4번의 지진이라⋯. 앞으로 50년 동안 지진이 일어날 확률은 50% 정도 되겠군.

다른 하나는 지각의 암석 속에 축적된 힘의 크기를 연구하는 거예요. 지각의 암석이 변형되다가 더 이상 원래 형태를 유지하지 못하면 순간적으로 부서지지요.

힘

힘

이 사실로 미뤄 암석을 부서지게 하는 힘이 암석 속에 어느 정도 축적되어 있는지를 알면 지진 발생을 예측할 수 있답니다.

과학자들의 노력이 자연 재앙으로부터 인류를 보호할 수 있겠네요.

지진이 일어나면
어떻게 해야 하나요?

지진이 발생하면 큰 건물이나 산, 바다까지 심하게 흔들립니다.
지진 대비 요령을 살펴보고, 대피 방법을 알아봅시다.

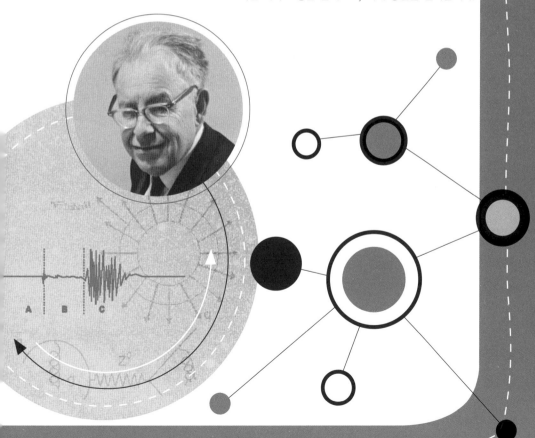

9

마지막 수업

지진이 일어나면 어떻게 해야 하나요?

교. 과. 연. 계.	초등 과학 4-2	4. 화산과 지진
	초등 과학 6-1	2. 지진
	중등 과학 1	8. 지각 변동과 판 구조론
	중등 과학 2	6. 지구의 역사와 지각 변동
	고등 과학 1	5. 지구
	고등 지학 Ⅰ	2. 살아 있는 지구
	고등 지학 Ⅱ	1. 지구의 물질과 지각 변동

리히터는 지진 대피에 대한 내용으로
마지막 수업을 시작했다.

　오늘은 지진 공부에 대한 마지막 수업이네요. 지금까지 지진이 무엇이고, 왜 일어나고, 어떤 결과를 가져다주는가에 대한 공부를 했습니다. 한국에서도 지진이 발생하고 있기 때문에 더 이상 남의 얘기가 아닌 것입니다.

　이번 수업에서는 혹시라도 닥칠 지진에 대해 우리가 어떻게 대비해야 하는지에 대해 함께 살펴보도록 하겠습니다.

　만약 지금 우리가 공부하고 있는 장소에 지진이 일어나서 건물이 마구 흔들린다면 어떻게 해야 될까요?

　__교실 밖으로 도망가요.

＿＿그냥 바닥에 엎드려요.

＿＿땅이 흔들리는 대로 춤을 춰요.

학생들의 답변은 천진하기만 했다.

여러분은 아직 지진을 경험하지 않았기 때문에 그냥 신기하게만 생각되겠죠. 하지만 지진이 일어났을 때 어떻게 행동해야 하는가는 우리의 재산과 생명을 보호하는 데 매우 중요하답니다. 이제부터 하나하나 설명해 볼게요.

지진의 피해

지진이 발생하면 땅이 엄청 흔들리겠죠? 이런 땅의 흔들림 때문에 제일 먼저 피해가 생깁니다. 유리창이 부서지고, 때로는 건물이 부서지거나 땅이 솟아오르고, 산이나 언덕이 무너져 내리기도 합니다. 이런 피해를 1차적인 재해라고 합니다. 그런데 피해는 여기서 끝나지 않습니다.

건물이 심하게 흔들리다 보면, 건물에 설치되어 있던 전선이 끊어져 누전이 일어나기도 하고, 가스관이 파괴되어 자칫 화재로 이어지기도 합니다. 물론 수도관이 파괴되고 전화선이 끊어지기도 하죠. 이런 피해들이 계속 이어지는데, 이를 2차적인 재해라고 합니다. 아무리 지진에 대비하여 건물을 짓는다 해도 이런 2차적인 재해는 반드시 일어난다는 점을 기억합시다.

그러니까 지진이 발생했을 때 1차 재해와 2차 재해로 이어지는 연쇄적인 피해가 우리들의 재산과 생명을 앗아 간다고 생각하면 되겠죠. 하지만 이런 피해가 아주 클 경우, 그 지역에서는 전염병이 생길 수도 있고, 많은 재산 피해로 살기 힘들어져 오랜 기간 영향을 받게 되는 경우도 있습니다. 이것이 3차적인 재해입니다.

여러분도 잘 알고 있는 진화론의 과학자 다윈(Charles Darwin, 1809~1882)은 "하나의 지진만으로도 한 나라의 경제를 무너뜨릴 수 있다."라고 말한 적이 있어요. 그만큼 지진은 피해를 결코 가볍게 보아서는 안 될 재앙입니다.

학생들은 지진이 일어났을 때 어떻게 해야 하는가에 대한 자신들의 답변이 부끄러웠는지 좀 더 진지한 모습으로 변했다.

앞 시간에는 지진을 예측하려는 과학자들의 노력을 얘기했습니다. 하지만 지진의 예측은 아직까지 완전한 기술이 아닙니다. 따라서 지진이 갑자기 발생했을 때 우리가 어떻게 해야 하는지는 반드시 알아 두어야 할 사항이지요. 우리의 생명과 직접 관계가 있으니까요.

지진 대피 요령

먼저 집이나 교실 안에 있을 때 지진이 발생한다면 탁자나 책상 아래로 몸을 피해야 합니다. 건물이 심하게 흔들릴 경우 책장, 전등, 액자 등과 같은 주변 물건들이 떨어지는 경우가 있거든요. 따라서 다치지 않기 위해서는 탁자와 책상 아래로 피하는 것이 좋겠지요.

건물이 흔들린다고 바깥으로 나가는 것은 오히려 더 위험합니다. 흔들림이 심할 때는 유리창이 깨지고, 간판이 떨어질 수가 있어요. 요즘 건물들은 지진에 어느 정도 대비해 지었기 때문에 건물 안에 있는 것이 더 안전한 경우가 많음을 기억하세요.

집 안에 있을 때 지켜야 할 사항 중 중요한 것은 화재 예방입니다. 만약 부엌에 가스불이 켜져 있다면, 지진이 느껴지

탁자 아래로 피하기

건물 밖으로 나가지 않기

주방의 가스불 끄기

지진 대피 요령

는 순간 가장 먼저 불을 꺼야 합니다. 자칫 잘못하다간 화재가 발생하여 큰불이 날 수도 있기 때문이죠.

만약 여러분이 극장이나 백화점과 같은 큰 건물에 있을 때 지진이 발생했다면, 결코 우왕좌왕하는 일이 없어야 합니다. 계단, 에스컬레이터, 또는 좁은 통로에서는 서둘러 뛰거나 밀치면 큰 사고로 이어집니다. 큰 건물에는 이런 경우에 안내자가 있게 마련이고, 안내자의 지시에 따라 행동하는 것이 좋아요. 물론 학교에서는 선생님의 지시를 잘 따라야겠죠. 그리고 혹시라도 엘리베이터 안에 있다면, 신속하게 엘리베이터에서

안내자의 지시에 따르기

내리는 것이 안전합니다.

　때로 건물 밖이나 산 또는 바다에서 지진을 느낄 때가 있습니다. 건물 바깥이라면 주변의 큰 건물 안으로 들어가는 것이 안전할 수 있습니다. 앞에서 얘기했듯이 유리창이 깨지거나 간판이 떨어지는 것을 조심해야 하고요. 또 담벼락이 무너지는 것도 조심해야 합니다. 자동 판매기와 같은 물건도 흔들림에 의해 넘어질 수 있으므로 가급적 가까이 가지 않는 것이 좋아요.

　산에서는 큰 지진으로 산사태가 일어날 수도 있습니다. 그러므로 가급적 급한 경사 부근을 피해서 낮은 곳으로 대피해

산에서 낮은 곳으로 대피하기

야 합니다. 바닷가에서 지진을 느꼈다면 해안가에서 멀리 피해 높은 곳으로 가야 합니다. 지진이 바다에서 발생할 경우 쓰나미가 해안을 덮칠 경우도 있으니까요. 쓰나미에 대해서는 일곱 번째 수업 시간에 자세히 배웠습니다.

지금까지 지진이 일어났을 때 어떻게 해야 할지 몇 가지의 경우를 살펴보았습니다. 무엇보다도 중요한 일은 항상 대비하고 있어야 한다는 것이지요. 지진은 언제 어디서 일어날지 현재로서는 알 도리가 없다고 해야 옳기 때문입니다.

리히터 지진계를 개발한 리히터 Charles Francis Richter, 1900 ~ 1985

리히터는 미국 오하이오 주 해밀턴에서 태어났습니다. 아주 어릴 때 부모가 이혼하여 1909년부터는 로스앤젤레스에서 외할아버지와 함께 살았습니다.

리히터는 스탠퍼드 대학에서 공부하여 학사 학위를 받았으며, 그 후 캘리포니아 공과 대학에서 이론 물리학 박사 학위를 받았습니다. 1927년에 워싱턴의 카네기 지진 연구소에서 일자리를 제안하여 그곳에서 연구원으로 일했습니다. 워싱턴 카네기 지진 연구소에서 구텐베르크를 만나 서로 협력하면서 연구를 했습니다.

1935년 지진의 규모에 대한 정의를 처음으로 내렸고, 남부 캘리포니아의 지진 활동을 조사하였으며, 구텐베르크와 공동으로 지진의 규모와 지진 에너지 등을 연구하였습니다. 이때 연구한 지진의 규모는 그의 이름을 붙여 '리히터 규모'라고 하며 9가지로 정하였습니다.

1937에 캘리포니아 공과 대학으로 다시 돌아와 1970년까지 지질학 교수를 지냈으며, 1959년과 1960년에는 지진 연구를 하기 위해 일본을 방문하기도 했습니다.

리히터의 가장 큰 업적은 지표상의 진동이 자동으로 기록되도록 만든 리히터 지진계를 개발한 일입니다. 리히터 지진계는 리히터 규모 척도로 지진의 강도를 표시하는데, 지진 기록의 최대 진폭과 진원으로부터의 거리를 이용하여 계산합니다. 현재 전 세계적으로 사용되고 있습니다. 이러한 연구 성과로 리히터는 1975년 제2회 미국 지진학회상을 받았습니다.

주요 저서로는 많은 과학자들의 교과서라고 할 수 있는 《지구의 지진 활동》(1949, 구텐베르크와 공저), 《기초 지진학》(1958) 등이 있습니다. 리히터는 1985년 심장마비로 사망하였습니다.

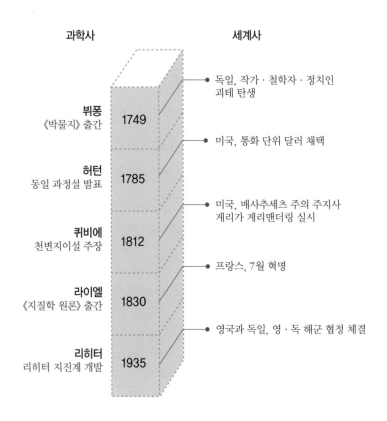

과학사		세계사
		● 독일, 작가 · 철학자 · 정치인 괴테 탄생
뷔퐁 《박물지》 출간	**1749**	
		● 미국, 통화 단위 달러 채택
허턴 동일 과정설 발표	**1785**	
		● 미국, 매사추세츠 주의 주지사 게리가 게리맨더링 실시
퀴비에 천변지이설 주장	**1812**	
		● 프랑스, 7월 혁명
라이엘 《지질학 원론》 출간	**1830**	
		● 영국과 독일, 영 · 독 해군 협정 체결
리히터 리히터 지진계 개발	**1935**	

1. 지구의 내부 구조를 물리적인 성질로 나누면 표면의 지각과 그 바로 아래의 맨틀까지 좀 더 딱딱한 층이 암석권인데, 이것을 ☐ 이라고 부릅니다.

2. 땅이 끊어질 때 마치 한쪽의 땅이 다른 쪽을 올라타듯 깨지는 것을 ☐☐☐ 이라고 합니다.

3. 지하에 있는 지진 발생 장소를 ☐☐ 이라고 부릅니다.

4. 지진파 중 먼저 느끼는 것이 ☐ 파이고, 나중에 느끼는 것이 ☐ 파입니다.

5. 지진의 피해 정도에 따라 진도를 12개로 나눈 것을 ☐☐☐☐ 진도라고 합니다.

6. 지진이 발생한 지점에서 순간적으로 발생하는 에너지의 크기를 ☐☐ 라고 합니다.

7. 지진 때문에 육지로 밀려든 높은 파도로 말미암아 일어나는 피해를 지진 해일 혹은 ☐☐☐ 라고 부릅니다.

1. 판 2. 역단층 3. 진원 4. P, S 5. 메르칼리 6. 규모 7. 쓰나미

지진 해일(쓰나미)

지진 해일은 지진에 의해서 생기는 해일로, 쓰나미라고도 부릅니다. 현대 지질학의 정설인 '판 구조론'에 따르면, 지구의 표층은 크고 작은 10여 개의 판으로 나뉘어 있는데, 이들이 각각 조금씩 움직이면서 서로 밀거나 포개지고 때로는 충돌을 일으키는 현상이 화산 폭발과 지진입니다. 이러한 지각 변동이 해저에서 일어나면 지진 해일이 되는 것입니다.

현재의 과학 기술로는 지진 발생을 예측하기 어렵지만, 먼 거리에서 발생한 지진 해일에 대해서는 그 도착 시각을 예상할 수 있습니다. 이를테면, 지진이 일본 북서 근해(동해 북동부 해역)에서 발생했다면 1시간 30분에서 2시간 후 우리나라 동해에 영향을 미치기 시작합니다. 지진 발생 후 지진 해일이 일어날 것인가에 대한 확실한 증거를 찾는 데에는 상당한 시간이 걸리므로 만일의 사태에 대비하여 바다 밑에서 일정

규모 이상 얕은 지진이 일어날 경우 주의보나 경보를 발표하는 것이 국제 관례입니다.

세계적으로 피해가 가장 컸던 지진 해일은 2004년 12월 26일에 인도네시아의 수마트라 섬 부근 인도양에서 일어난 남아시아 지진 해일로, 인도네시아 11만 229명을 비롯해서 스리랑카 · 인도 · 타이 등 주변국 해안 지역에서 총 15만 7,000여 명이 사망하였습니다.

그렇다면 우리나라는 어떨까요?

한반도는 판 구조론의 측면에서 볼 때 환태평양 지진대에서 비켜나 있습니다. 그러나 동해나 일본 서쪽 해안에서 발생하는 지진은 무시할 수 없는 존재입니다. 실제로 우리나라 동해안에서도 1983년과 1993년 일본 근해에서 발생한 지진 해일로 피해를 입은 사례가 있습니다.

일본 서쪽 해안에서 일어난 지진 해일이 동해안에까지 몰려오는 데 소요되는 시간은 한 시간 남짓이며, 동해 해저 지형의 특성상 울진 근처로 지진 해일의 에너지가 집중될 가능성이 큽니다. 울진 근방은 원자력 발전소 시설 등이 있어 매우 근본적인 대책이 필요합니다.